普通高等教育农业农村部"十三五"规划教材

测量学实验指导
CELIANGXUE SHIYAN ZHIDAO

第 三 版

黄朝禧　张波清　主编

中国农业出版社
北　京

内容简介

本实验指导共分三部分：第一部分是测量学实验导论，包括测量学实验的作用与特点、测量仪器的维护和使用规则、测量仪器的借用规则、记录与计算取位规则等；第二部分是测量学课间实验，共设计了 20 个实验项目，每个实验项目按实验目的与任务、主要仪器与工具、实验步骤与技术要求、实验记录与计算、实验注意事项与思考题五个方面编写；第三部分是教学实习与复习题，详述了教学实习的目的与任务、实习组织与时间安排、主要仪器与工具、实习步骤与要求、实习成果与成绩评定六方面的内容，精选了涵盖教学内容的若干典型复习题。课间实验和教学实习后均附有记录表，测量时可在表上直接填写和计算。

本书既可与农林院校各个专业的测量学教材配合使用，也可作为测量学实验和实习教材单独使用。

第三版编写人员

主　　编　黄朝禧　张波清
副主编　王联春　樊志军　仲崇豪
编　　者　（按姓氏笔画排序）
　　　　　　刁建鹏（西南林业大学）
　　　　　　王　红（华中农业大学）
　　　　　　王联春（海南大学）
　　　　　　仲崇豪（山西农业大学）
　　　　　　张波清（华中农业大学）
　　　　　　黄朝禧（华中农业大学）
　　　　　　焦云清（华中农业大学）
　　　　　　樊志军（湖南农业大学）

第一版编写人员

主　编　黄朝禧（华中农业大学）
副主编　王立洪（塔里木大学）
　　　　　吕亮卿（山西农业大学）
　　　　　樊志军（湖南农业大学）
参　编（按姓氏笔画排序）
　　　　　王　红（华中农业大学）
　　　　　王联春（华南热带农业大学）
　　　　　张波清（华中农业大学）
　　　　　单玉红（华中农业大学）
　　　　　郭宏慧（江西农业大学）

第三版修订说明

随着测绘新技术、新方法的发展以及测绘规程规范的修订，本指导第三版在内容上作了较大的充实与更新，力求反映我国测量学教学的成功实践和现代测量学实验技术的发展成果，新增了 GNSS-RTK 数字测图、GNSS-RTK 土方测量与计算、GNSS-RTK 道路纵横断面测量、全圆测回法测水平角、全站仪数字测图实验项目与习题，更新了宗地图和宗地草图测量、竖角与视距测量、土地平整测量外业与内业计算等实验项目，删除了电子求积仪的使用实验。

本指导为普通高等教育农业农村部"十三五"规划教材，本次修订由华中农业大学、海南大学、湖南农业大学、山西农业大学、西南林业大学等高校从事一线测量学教学和科研工作的教师完成。全书由黄朝禧和张波清主编，王联春、樊志军、仲崇豪等担任副主编。除主编和副主编以外，王红、刁建鹏、焦云清等参加了修订工作。本指导可与高等院校相关专业的测量学教材配合使用，也可单独作为测量学实验教材使用。

本次修订的内容是在教学研究和经验交流的基础上展开的，在修编过程中，参考和吸收了大量的已有成果，并得到了华中农业大学教务处的大力支持与帮助，华中农业大学房地产经济与工程管理系主任汪文雄教授非常支持本指导的修订出版，该系主讲测量学的郭朝霞、毋丽红等老师提出了很具体的修编意见和建议，在此一并致谢！

黄朝禧　张波清
2020 年 1 月于武昌南湖狮子山

第一版前言

测量学是一门理论与实践结合紧密,且实践性极强的课程。目前在高等农林院校中,有土地资源管理、工程管理、GIS、城市规划、林学、园林、园艺、农村与区域发展、资源与环境、环境工程、环境科学、农田水利、设施农业等10多个专业必修或选修该课程,约占招生专业数和本科招生人数的22%。测量学实践教学包括20~30学时的课间实验和1~3周的集中实习两部分,实验实习课学时占总学时的1/2以上。因此,提高测量实验课的教学质量就显得尤为重要。实验指导书既是保证实践教学的必备教材,也是记载和检查学生实验成果的凭证,并为学生毕业后开展类似工作提供模板。

本书在总结多年测量学实验教学经验和教学改革的基础上,按照测量学实验大纲的要求编写而成。内容分三部分:一是测量学实验导论;二是测量学课间实验,共设计了20个实验项目;三是测量学集中实习。每个课间实验和集中实习后均附有记录表,测量时可在表上直接填写和计算。

本教材为全国高等农林院校"十一五"规划教材,由华中农业大学、华南热带农业大学、湖南农业大学、山西农业大学、塔里木大学、江西农业大学等高校长期从事测量学教学和科研工作的教师集体编写而成,基本反映了我国测量学教学的成功实践和现代测量学实验技术的发展成果。全书由黄朝禧主编,王立洪、吕亮卿、樊志军等担任副主编。编写分工如下:第一部分、实验8和实验10由张波清执笔;实验1、2由吕亮卿执笔;第三部分、实验3和实验11由王联春执笔;实验4、实验16和实验17由单玉红执笔;实验5、实验20由樊志军执笔;实验6、实验7、实验12、实验13由黄朝禧执笔;实验9、实验18、实验19由王红执笔;实验14、实验15由王立洪执笔。本书即可与农林院校各个专业的测量学教材配合使用,也可作为测量学实验教材单独使用。

在本教材编写过程中,参考和吸收了大量的已有成果,得到了华中农业大学教务处和部分兄弟院校教务处的大力支持与帮助,华中农业大学的吕守华、郭朝霞等同志为本书的编写和出版提供了重要信息，刘红丽同志绘制了部分插图，在此一并致以诚挚的谢意！

由于编者业务水平有限，编写时间也较仓促，书中缺点甚至错误在所难免，恳望读者批评斧正。

黄朝禧

2007年1月于武昌南湖狮子山

目 录

第三版修订说明
第一版前言

第一部分　测量学实验导论 …………………………………………………………… 1

　　一、测量学实验的作用与特点 ………………………………………………………… 1
　　二、测绘仪器的维护和使用规则 ……………………………………………………… 1
　　三、测绘仪器的借用规则 ……………………………………………………………… 3
　　四、记录与计算的取位规则 …………………………………………………………… 4

第二部分　测量学课间实验 …………………………………………………………… 5

　　实验1　普通水准测量 ………………………………………………………………… 5
　　实验2　四等水准测量 ………………………………………………………………… 12
　　实验3　测回法测水平角 ……………………………………………………………… 17
　　实验4　全圆测回法测水平角 ………………………………………………………… 21
　　实验5　竖直角与视距测量 …………………………………………………………… 25
　　实验6　闭合导线内业计算 …………………………………………………………… 28
　　实验7　经纬仪测绘法测图 …………………………………………………………… 35
　　实验8　全站仪数字测图 ……………………………………………………………… 40
　　实验9　GNSS－RTK数字测图 ……………………………………………………… 44
　　实验10　CASS绘制数字地形图 ……………………………………………………… 50
　　实验11　地形图应用 …………………………………………………………………… 58
　　实验12　土地平整测量外业 …………………………………………………………… 63
　　实验13　土地平整土方计算 …………………………………………………………… 66
　　实验14　GNSS－RTK土地平整测量与土方计算 …………………………………… 69
　　实验15　渠道测量 ……………………………………………………………………… 73
　　实验16　宗地草图的测绘 ……………………………………………………………… 80
　　实验17　宗地图的测绘 ………………………………………………………………… 83
　　实验18　全站仪点位测设 ……………………………………………………………… 86
　　实验19　全站仪圆曲线测设 …………………………………………………………… 89

实验 20　GNSS-RTK 道路纵横断面测量 ··· 94

第三部分　教学实习与复习题 ··· 97

　　Ⅰ. 大比例尺地形图测绘 ·· 97
　　Ⅱ. 数字地籍测量 ··· 107
　　Ⅲ. 复习题 ·· 114
　　Ⅳ. 附录：测量学实习用表 ·· 122

主要参考文献 ··· 150

第一部分 测量学实验导论

一、测量学实验的作用与特点

测量学是一门实践性很强的学科，测量学实验在课程教学中占有特别重要的地位。实验教学时间占总学时的1/3～1/2，其内容是按课堂理论教学的需要配置的，是巩固和深化课堂所学知识的重要环节，是保障理论与实践的有机结合，提升学生实际操作仪器、实地测图用图、工程测设施工的实践能力，为后续专业课程的学习和毕业后的实际工作打下良好的技术基础。

具体地说，测量学实验课主要有以下几方面的作用与特点：

1. 培养学生的实际动手能力 完成一定的实验内容需要使用一种或多种测量仪器，这就需要学生善于动手、勤于动手，在实验过程中提高动手能力。

2. 验证、巩固所学理论知识 对于一些依附于理论课的实验项目，如水准仪和经纬仪的认识与使用、水平角和竖直角等的测量实验，可以加深对理论知识的记忆与理解。

3. 提高分析问题和解决问题的能力 一些综合性的实验项目，如四等水准测量、地形（籍）图测绘、圆曲线测设等实验，需要综合运用所学的理论知识和测量仪器加以解决。实验教学内容旨在让学生熟悉所学测绘仪器的基本构造和主要功能，掌握测量步骤和方法，做到三会——会测、会算、会画。

4. 培养团队合作及吃苦耐劳的精神 任何一项测量工作（实验）都需要小组成员的团结合作与相互配合。测量学实验大都在室外进行，不管是严寒还是酷暑，都要按实验大纲要求保质保量地完成实验任务。

5. 培养实事求是、认真负责的工作态度 "失之毫厘，谬以千里"，测量工作来不得半点马虎，绝不能为了满足限差要求而篡改实验数据。测量数据需要精确到"秒"位和"毫米"位，必须有一定的专业技能和读数技巧，而这些只能从实践中来。

通过本实验课程的学习，使学生进一步理解测量学的概念，掌握平面位置测量、高程测量、大比例尺地形图测绘、农业工程测量和常见测绘仪器的使用等技能。

二、测绘仪器的维护和使用规则

（一）仪器的安置

（1）在平地上安置仪器时，将控制三脚架升降的螺旋全部松开，提升到一定高度后，再全部拧紧，并打开三脚架腿。在斜坡上安置仪器时注意需将脚架的两条腿架在斜坡的下方，另一条腿适当缩短。

（2）取仪器前应注意将仪器箱平放在地面上，不能将仪器箱抱在手里取仪器。打开仪器箱后注意观察仪器安放的位置。提取仪器之前，先松开制动螺旋，一手握住仪器支架，另一只手托住基座轻轻取出仪器，放在三脚架上。然后一手握住仪器支架，一手旋转中心连接螺旋，使仪器与脚架连接牢固。仪器取出后，随即关好仪器箱，防止灰尘和落叶进入箱内。严禁坐在仪器箱上。

（3）不能将仪器架设在道路的中间，尽量避免安置在人流、车流量较大的地方；仪器安置好后观测员不能离开仪器，以防止过往行人使用和车辆碰撞仪器。阳光强烈时，应撑伞保护仪器，避免阳光直晒在仪器上。遇雨时可将防雨袋罩上。

（4）安置仪器时，应根据测点的位置调整仪器的三个架腿方向，尽量避免观测员的两腿跨在架腿上。

（二）仪器的使用

（1）在操作仪器的过程中不能将双手压在仪器或三脚架上。

（2）旋转仪器的照准部或望远镜时，应先松开水平制动或垂直制动螺旋，再均匀转动；使用微动螺旋时，应先轻轻旋紧制动螺旋，不可拧得过紧。

（3）脚螺旋的移动有一定的范围，若脚螺旋旋至顶端或底端仪器还不能整平，则将各脚螺旋旋回至中间位置后，检查三脚架架头是否水平，再重新整平仪器。

（4）微动螺旋和微倾螺旋的转动都有一定的活动范围，当向前或向后旋不动时，不能再继续旋转，应将螺旋旋至中间位置后，松开制动螺旋，瞄准目标，根据需要再使用微动螺旋。同理，水准仪的微倾螺旋向前或向后旋不动时，也应停止旋转，并将微倾螺旋向前或向后旋至中间位置，用脚螺旋初平后，再用微倾螺旋精平。

（5）若物镜或目镜上有灰尘，可用软毛刷轻轻刷去。如有水气或油污，可用脱脂棉或镜头纸轻轻擦去。切不可用衣服或手帕等物擦拭镜头，以免损坏镜头上的镀膜。

（6）仪器的各螺旋及转动部分如发生阻滞不灵的情况，应立即检查原因，并及时报告指导教师。在原因未弄清楚前，切勿过分用力扭扳，以防损伤仪器结构和机件。

（7）电子经纬仪、全站仪、GPS接收机等电子测量仪器，在野外更换电池时，应先关闭仪器的电源；装箱之前，也必须先关闭电源，然后装箱。应避免仪器在阳光下曝晒，不要将仪器望远镜直接对准太阳观察，避免人眼及仪器的损伤。

（三）仪器的搬迁

（1）远距离搬运仪器时，须将仪器装箱之后人工搬迁，以减轻仪器振动，不允许用自行车运输。

（2）短距离迁站时，可将仪器连同脚架一起搬迁。搬迁时，检查并旋紧中心连接螺旋，松开制动螺旋。如为经纬仪，宜将望远镜物镜指向水平度盘中心，收拢三脚架，左手托住仪器照准部，右手抱住脚架放在肋下，稳步行走。严禁将仪器横扛在肩上。

（3）全站仪、GPS接收机等精密贵重仪器，无论距离远近，都应装箱后迁站。

（4）迁站时，清点其他仪器工具有无遗漏。

(四) 仪器的装箱

（1）每次使用仪器之后，应及时清除仪器上的灰尘及脚架上的泥土。

（2）在取下仪器前，应先将仪器脚螺旋调至大致同高的位置，再一手扶住仪器，一手松开连接螺旋，双手取下仪器。

（3）保持仪器及仪器箱的干燥。仪器装箱时应保持原来的安放位置，先松开各制动螺旋，使仪器就位正确，试关箱盖确认放妥后，再拧紧制动螺旋，然后关闭上锁。若合不上箱口，切不可强压箱盖，以防压坏仪器。

（4）清点所有附件和工具，防止遗失。

(五) 其他测绘工具的使用

（1）水准标尺。不能用水准标尺抬东西。应保持标尺清洁，严禁涂画。水准标尺暂时不用时，可放于平坦干燥而无石子的地面上或靠在树杈上、内墙角上，不得斜靠在墙上、树干上和电线杆上，以防滑落后摔断标尺或砸伤他人。

（2）测图板。保持板面干燥整洁。绘图时身体尽量不要扑在绘图板上。搬运距离远时，最好从脚架上取下绘图板。

（3）在使用皮尺时，拉尺用力要均匀，且用食指和中指轻夹皮尺，以控制拉尺速度和防止尺尾被拉出。若皮尺受潮或弄湿，应将皮尺全部拉出、擦净、晾干后，再收入尺套内。皮尺不用时，要注意保管，防止丢失。

（4）垂球、铁三脚架、锤子、篮子等工具要注意保管，防止丢失。

三、测绘仪器的借用规则

测绘仪器多为精密、贵重的仪器。尤其是现代的测绘仪器，自动化、智能化程度不断提高，价格也日益昂贵。因此，正确合理地使用和保管测量仪器，对延长仪器的使用寿命、保证仪器的测量精度、提高测绘工作的效率和保证测量实验各批次的正常进行等都具有重要意义。正确使用和妥善保管测量仪器，是每个测量工作者必须具有的技能和业务素养。

借领仪器时需注意和做到以下几点：

（1）借领仪器前，首先要了解此次实验的内容及用到的仪器和工具。借领仪器时，以小组为单位按秩序在实验室借领。借领时，实验小组组长需抵押学生证或身份证。实验结束后，按发放清单检查仪器和工具的数量，没有问题时，归还被抵押的证件。

（2）借领仪器时应该注意按借领清单清点检查。检查仪器工具及其附件是否完好、齐全。如有缺损，应及时报告，进行补领或更换。检查完毕，应及时离开实验室，在实习场地等候老师。不经指导老师允许，不得擅自开箱取仪器。

（3）搬运仪器前需检查背带及提手是否牢固，仪器箱是否锁好，以保证仪器的搬运安全。搬运过程中必须避免剧烈的震动。

（4）仪器工具借出之后，不得与其他小组调换或转借。实验课结束后，应及时将仪器归还实验室。归还时应当面点清，验毕方可离开。若需补做实验，可与实验室及任课教师商量，另行安排时间。

四、记录与计算的取位规则

(1) 观测者读数后,记录者应随即用 2H 铅笔在测量手簿上的相应栏内填写,并复诵回报,以防听错、记错。所有测绘数据必须是"原汁原味"的数据,不允许重新誊写。记录时要求字体端正清晰,字体的大小一般占格宽的一半左右,字脚靠近底线,留出空隙作改正错误用。

(2) 水平角与竖直角分、秒位不足两位的,需用"0"补齐两位。水准测量读数时,读数以毫米为单位,不足四位的用"0"补齐四位数。高差以米为单位,小数点后不足三位的,以"0"补齐三位数。如水准尺读数 0086,高差 1.200,度盘读数 30°00′00″等。

(3) 记录数据时,不允许就字改字和连环涂改。更改读错的数字时,应将数字用一短横线划去,在上方另记正确数字。读数时认真估读,尽量不更改秒位与毫米位。所谓连环涂改,即将相互关联的两个数据同时更改。例如,角度测量时同一目标的盘左和盘右读数,两个目标的盘左或盘右读数;高差测量时同一根标尺的红黑面中丝读数,两根标尺的黑面中丝或红面中丝的读数等。若确实需要同时更改,则需将此测站(测回)整体划去,另起一测站(测回)重新记录,并注记错误原因。

(4) 按四舍六入、五前单进双舍的取数规则进行取位,如 1.123 5、1.123 6、1.124 4、1.124 5 保留 3 位小数均为 1.124。

第二部分 测量学课间实验

实验 1　普通水准测量

一、实验目的与任务

(1) 了解水准仪的基本构造、主要部件名称和作用；
(2) 练习水准仪的正确安置、瞄准和读数；
(3) 掌握普通水准测量的施测、记录、计算高差和高程的方法；
(4) 每组施测一条 4 个测站的闭合水准路线。

二、主要仪器与工具

水准仪 1 台、水准尺 2 根、尺垫 2 个、记录板 1 块、铅笔和记录表格等。

三、实验步骤与技术要求

（一）DS$_3$ 型微倾式水准仪的认识与使用

1. 安置仪器　先将三脚架张开，使其高度适当，架头大致水平，并将架腿踩实，再开箱取出仪器，将其固连在三脚架上。

2. 认识仪器　指出仪器各部件的名称和位置，了解其作用并熟悉其用法，同时弄清水准尺的分划注记。水准仪由望远镜物镜、物镜调焦螺旋、目镜调焦螺旋、外部瞄准器（缺口和准星）、水准管及符合气泡观察窗、微倾螺旋、制动螺旋、微动螺旋、圆水准器、基座和 3 个脚螺旋等组成。水准仪各部件的名称如图 2-1-1 所示。

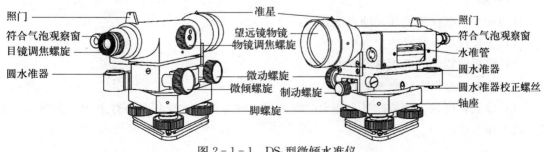

图 2-1-1　DS$_3$ 型微倾水准仪

3. 粗略整平 双手食指和拇指各拧一只脚螺旋，同时对向或反向转动，使圆水准气泡向中间移动，再拧另一只脚螺旋，使气泡移至圆水准器居中位置。若一次不能居中，可反复进行。气泡移动的方向与左手大拇指运动的方向一致，与右手大拇指运动的方向相反。具体操作参见图2-1-2。

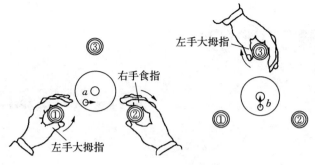

图2-1-2 粗略整平

4. 瞄准标尺 转动目镜调焦螺旋，使十字丝清晰；松开制动螺旋，转动仪器，用照门（或称"缺口"）和准星瞄准水准尺，拧紧制动螺旋；转动微动螺旋，使水准尺位于视场中央；转动物镜调焦螺旋和目镜调焦螺旋，消除视差使目标和十字丝都清晰。

5. 精确整平 转动微倾螺旋，使符合水准管气泡两端的半影像吻合（成圆弧状），即符合气泡严格居中。

6. 读数和记录 根据望远镜视场中十字丝横丝所截取的标尺分划，读取该分划的数字。读数时应从小往大读，读取四位数字，即直接读出米、分米、厘米的数值，估读毫米数，如图2-1-3所示，中丝读数为1.609。记录人员要回报读数，回报无异议及时记录。上下丝也叫视距丝，可以用来测量仪器到标尺间的距离，图2-1-3中上下丝的读数分别为1.520和1.698，则仪器到标尺的距离为(1.698－1.520)×100＝17.8 m，又(1.520＋1.698)/2＝1.609，即上、下丝读数和的平均数应该等于中丝的读数，这个可以作为读数的检核。

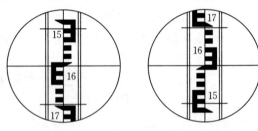

a.倒像望远镜从上往下读　　b.正像望远镜从下往上读

图2-1-3 水准尺的读数

（二）DSZ₁自动安平水准仪的认识与使用

DSZ₁自动安平水准仪只有圆水准器，没有水准管和微倾螺旋，粗平之后，借助自动补偿装置的作用，使视准轴水平，便可读出正确读数。另外，该水准仪通过摩擦制动，没有制动螺旋，粗瞄后通过水平微动即可精确瞄准目标。水准仪各个部分的名称如图2-1-4所示。

自动安平水准仪测量高差的方法如下：

（1）安置仪器，高度适中。

（2）整平仪器，使圆水准器气泡居中。

（3）瞄准水准尺，注意消除视差。

（4）读数和记录。读数时从小往大的方向读，成正像的水准仪从下往上读，成倒像的水准仪从上往下读。

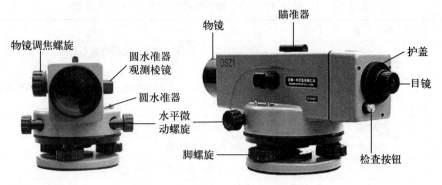

图 2-1-4 DSZ₁ 自动安平水准仪

(三) 数字水准仪的认识与使用

1. 数字水准仪各部件的名称与功能 以南方 DL-201 数字水准仪为例，各部件名称与功能如图 2-1-5 和表 2-1-1、表 2-1-2 所示。

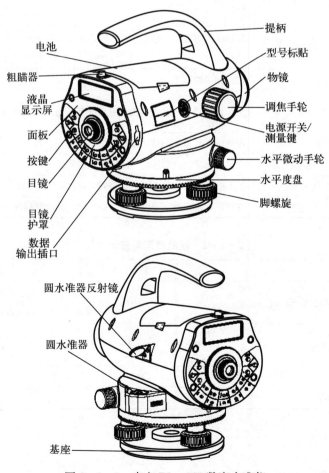

图 2-1-5 南方 DL-201 数字水准仪

表 2-1-1　南方 DL-201 数字水准仪的操作键及其功能

键　符	键　名	功　能
POW/MEAS	电源开关/测量键	仪器开关机和用来进行测量。开机：仪器待机时轻按一下；关机：按约两秒左右
MENU 菜单键	进入菜单模式	菜单模式有下列选择项：标准测量模式、线路测量模式、检校模式、数据管理和格式化内存/数据卡
DIST	测距键	在测量状态下按此键测量并显示距离
↑↓	选择键	翻页菜单屏幕或数据显示屏幕
→←	数字移动键	查询数据时的左右翻页或输入状态时左右选择
ENT	确认键	用来确认模式参数或输入显示的数据
ESC	退出键	用来退出菜单模式或任一设置模式，也可作输入数据时的后退清除键
－	标尺倒置模式	用来进行倒置标尺输入，并应预先在测量参数下，将倒置标尺模式设置为"使用"
☼	背光灯开关	打开或关闭背光灯
.	小数点键	数据输入时输入小数点；在可输入字母或符号时，切换大小写字母和符号输入状态
REC	记录键	记录测量数据
SET	设置键	进入设置模式。设置模式是用来设置测量参数、条件参数和仪器参数的
SRCH	查询键	用来查询和显示记录的数据
IN/SO	中间点/放样模式键	在连续水准线路测量时，测中间点或放样
MANU	手工输入键	当不能用[MEAS]键进行测量时，可从键盘手工输入数据
REP	重复测量键	在连续水准线路测量时，可用来重测已测过的后视或前视数据

表 2-1-2　液晶显示屏显示的符号

显示	含义	显示	含义
p	表示当前数据已存储	a/b	表示还有另页或菜单，可按[▲][▼]键翻阅；b：总页数，a：当前页
🔋	电池电量指示	Inst Ht	仪器高
BM#	水准点	CP#	转换点
I	标尺倒置		

2. 仪器使用

(1) 安置仪器：

a. 安置好三脚架，拧紧架腿固定螺帽。

b. 从仪器箱内小心取出仪器，将三脚架中心螺旋对准仪器底座上的中心，旋紧中心螺旋直到仪器固定在架头上。

c. 如果需要用水平度盘测角或定线,则需用垂球将仪器精确地对中在已知点上。

d. 利用3个脚螺旋使圆气泡居中。若使用球头三脚架,则应先轻轻松开脚架中心螺旋,将仪器围绕三脚架头顶部转动使圆气泡居中,当气泡位于圈内即可旋紧脚架上的固定螺旋。

(2) 观测的准备工作:

a. 照准与调焦。利用粗瞄器将望远镜对准条码标尺,慢慢旋转目镜使十字丝影像清晰,旋转调焦手轮使标尺影像清晰,并转动水平微动螺旋使十字丝竖丝位于标尺的对称线。

b. 消除视差。通过望远镜进行观察,将眼睛在目镜后上下左右稍作移动,若发现十字丝与标尺影像有相对移动,说明存在视差现象,需要再调节目镜和调焦,直至十字丝与标尺影像完全重合为止。

c. 开机。按下右侧开关键(POW/MEAS)。设置键用来对仪器的参数进行设置,当仪器用来进行精密测量时,建议使用多次测量,多次测量的平均值可以提高测量的精度;用户可选择是否自动关机,自动关机的时间为5 min,线路测量关机时会自动保存上一站的测量数据。仪器的参数设置见表2-1-3。

表2-1-3 设置键的参数设置项目

设置 [SET]	测量参数	测量模式	单次测量/N次测量/连续测量
		最小读数	标准1 mm/精密0.1 mm
		标尺倒置	标尺倒置使用/不使用
		数据	单位:m
	条件参数	点号模式	点号递增/点号递减
		显示时间	1~9 s
		数据输出	OFF/内存/SD卡/通讯口输出
		通讯参数	标准参数/用户设置
		自动关机	开/关
	仪器参数	对比度	1~9
		背景光	开/关
		仪器信息	
		注册信息	

(四) 普通水准测量

(1) 选择一固定点 A 作为高程已知点(高程可由教师提供),在平坦坚实的地面上或有突出顶部的坚实地面上选择1、2、3三个点,共由4点构成一条闭合水准路线,点与点相距30 m以上。

(2) 在起始点 A 和1点上分别竖立水准尺,在距该两点大致等距离处安置仪器,用望远镜瞄准 A 点上的水准尺,精平后读取后视读数 a_1,并记入表中;再瞄准1点上的水准尺,精平后读取前视读数 b_1,记入表中。A、1两点间的高差 $h_{A1} = a_1 - b_1$。

(3) 将水准仪搬至1、2点之间,A 点的水准尺移到2点上。注意此时立于1点的标尺不能移位。安置仪器调平后,按第1站的做法,分别读出 a_2、b_2,计算 $h_{12} = a_2 - b_2$。仿照此步骤，测 2、3 点之间和 3、A 点之间的高差 h_{23} 和 h_{3A}。

（4）计算水准路线的高差闭合差 f_h，$f_h = \sum h = h_{A1} + h_{12} + h_{23} + h_{3A}$，其限差 $f_{h容} = \pm 12\sqrt{n}$ mm，n 为测站数。当 $n = 4$，$f_{h容} = \pm 24$ mm。若 $f_h \leqslant f_{h容}$ 时，则将闭合差反号，按测站数成正比分配于各测段高差中，并推算各点的高程（可假定起始点高程为 30.000 m）。计算过程在表 2-1-4 内完成。若 $f_h > f_{h容}$，则应返工重测（返工前，应首先检查记录计算是否有错误，然后再进行重测）。

表 2-1-4 普通水准测量记录（m）

测点	后视读数	前视读数	高　差	高程	备注
A	1.515		+0.551		假定 A 点高程为 30.000 m
1	0.932	0.964	−0.092		
2		1.024			

四、实验记录与计算

水准测量记录格式见表 2-1-4，记录空表见表 2-1-5，水准路线成果计算见表 2-1-6。

表 2-1-5 普通水准测量记录空表（m）

仪器编号：_____　　天　气：_____　　日　期：_____　　班　级：_____
小组　号：_____　　小组成员：_____

测点	后视读数	前视读数	高　差	高程	备注
$\sum$					

表 2-1-6　闭合水准路线高程计算

点　号	测站数	高差（m）	改正数（mm）	改正后高差（m）	高程（m）	备　注
Σ						

五、实验注意事项与思考题

（一）实验注意事项

（1）各测站的前、后视距应大致相等。
（2）同一测站圆水准器只能整平一次。
（3）读数时应消除视差，并使符合水准管气泡严格居中。
（4）在观测过程中若碰动仪器，则该测站成果作废，需重新整平仪器测量。
（5）在已知水准点和待定水准点上不放尺垫。
（6）观测时，水准尺应保持垂直，扶尺人不得随意将尺拿离立尺点，也不得用砖块、树枝等夹撑水准尺而远离立尺处。搬迁仪器时，前视点的尺垫不得移动，后视点的尺垫由扶尺人连同水准尺一起携带到下一个立尺点。
（7）每站观测结束后应马上算出高差，全路线施测完毕，当高差闭合差符合要求后，方可收测。

（二）思考题

（1）视差产生的原因是什么？如何消除？
（2）水准仪上的圆水准器与管水准器的用途有何区别？为什么必须安置这两套水准器？
（3）使用微倾水准仪进行水准测量时，为什么每次读数前都要调平管水准器？

实验 2 四等水准测量

一、实验目的与任务

(1) 掌握四等水准测量的观测程序和具体施测方法；
(2) 掌握四等水准测量的记录和计算方法；
(3) 熟悉四等水准测量的主要技术要求与检核方法；
(4) 每组施测一条 4~5 个测站组成的四等闭合水准路线。

二、主要仪器与工具

DS_3 水准仪（或自动安平水准仪）1 台、双面水准尺 1 对、尺垫 2 个、记录板 1 块、计算器 1 个、铅笔和记录表格等。

三、实验步骤与技术要求

(1) 选定一条闭合水准路线（起始点由指导教师指定），其长度以安置4~5个测站为宜。沿线至少有 2 个待定点，地面标志自定。

(2) 在起始水准点与第一个立尺点之间安置水准仪，步测前后视距相等，并在前后视点上立标尺。在已知点和待定点上不放尺垫，转点上必须放尺垫。

(3) 一个测站的观测、记录和计算按以下顺序进行：

后视黑面尺——读取上、下和中丝读数，分别填入表 2-2-1(1)(2)(3) 中；
后视红面尺——读取中丝读数，填入表 2-2-1(4) 中；
前视黑面尺——读取上、下和中丝读数，分别填入表 2-2-1(5)(6)(7) 中；
前视红面尺——读取中丝读数，填入表 2-2-1(8) 中。

这种观测顺序简称"后—后—前—前"。带括号的数字代表表 2-2-1 中观测和记录的顺序。

表 2-2-1 四等水准测量记录

测站编号	点号	后尺 上丝 下丝	前尺 上丝 下丝	方向及尺号	水准尺中丝读数 (m)		K+黑−红	平均高差 (m)	备注
		后视距离	前视距离		黑面	红面			
		前后视距差 (m)	累计差 (m)						
		(1)	(5)	后	(3)	(4)	(13)		
		(2)	(6)	前	(7)	(8)	(14)		平均高差按"单进双不进"原则取到毫米位
		(9)	(10)	后−前	(15)	(16)	(17)	(18)	
		(11)	(12)						

(续)

测站编号	点号	后尺 上丝 / 后尺 下丝 / 后视距离 / 前后视距差 (m)	前尺 上丝 / 前尺 下丝 / 前视距离 / 累计差 (m)	方向及尺号	水准尺中丝读数 (m) 黑面	水准尺中丝读数 (m) 红面	K+黑-红 (mm)	平均高差 (m)	备 注
1	A	1.587	0.755	后	1.400	6.187	0		后尺 4 787
	1	1.213	0.379	前	0.567	5.255	-1		前尺 4 687
		37.4	37.6	后-前	+0.833	+0.932	+1	+0.832	
		-0.2	-0.2						
2	1	2.111	2.186	后	1.924	6.611	0		后尺 4 687
	2	1.737	1.811	前	1.998	6.786	-1		前尺 4 787
		37.4	37.5	后-前	-0.074	-0.175	+1	-0.074	
		-0.1	-0.3						

（4）进行测站的计算和校核。各项检核均符合要求后才可搬站，依次设站，同法施测其他各站。

（5）水准路线测量成果的计算和校核。全路线施测计算完毕，各项检核均已符合，路线闭合差也在限差之内，才可收测，回到室内进行内业平差计算。

（6）有关技术指标的限差规定见表 2-2-2。

表 2-2-2 四等水准测量的主要技术要求

等级	视线高度 (m)	视距长度 (m)	前后视距差 (m)	前后视距累积差 (m)	黑红面读数差 (mm)	黑红面高差之差 (mm)	路线闭合差 (mm)
四等	>0.2	≤100	≤3.0	≤10.0	≤3.0	≤5.0	≤±20$\sqrt{L}$

注：表中 L 为路线总长，以千米为单位。

四、实验记录与计算

四等水准测量记录举例见表 2-2-1，记录空表见表 2-2-3。

表 2-2-3 四等水准测量记录

仪器编号：＿＿＿＿＿ 天　气：＿＿＿＿＿ 日　期：＿＿＿＿＿ 班　级：＿＿＿＿＿

小组号：＿＿＿＿＿　　小组成员：＿＿＿＿＿＿＿＿＿＿＿＿＿＿＿＿＿＿＿＿＿＿＿

测站编号	点号	后尺 上丝 / 后尺 下丝 / 后视距离 / 前后视距差 (m)	前尺 上丝 / 前尺 下丝 / 前视距离 / 累计差 (m)	方向及尺号	水准尺中丝读数 (m) 黑面	水准尺中丝读数 (m) 红面	K+黑-红 (mm)	平均高差 (m)	备 注
				后					
				前					
				后-前					

(续)

测站编号	点号	后尺 上丝 下丝	前尺 上丝 下丝	方向及尺号	水准尺中丝读数 (m)		K+黑-红 (mm)	平均高差 (m)	备 注
		后视距离	前视距离		黑 面	红 面			
		前后视差(m)	累计差(m)						
				后					
				前					
				后—前					
				后					
				前					
				后—前					
				后					
				前					
				后—前					
				后					
				前					
				后—前					
				后					
				前					
				后—前					
				后					
				前					
				后—前					

四等水准测量的计算方法：

1. 测站计算与校核

（1）视距计算与校核：

后视距离（9）=100×[（1）-（2）]≤100 m；

前视距离（10）=100×[（5）-（6）]≤100 m；

前、后视距差（11）=（9）-（10）≤±3 m；

前、后视距累积差，本站（12）=前站（12）+本站（11）≤±10 m。

（2）黑、红面尺中丝读数差的计算与校核：

后尺（13）=（3）+K_1-（4）≤±3 mm。

前尺（14）＝（7）＋K_2－（8）≤±3 mm。

K_1、K_2分别为后尺、前尺的红黑面起点差，亦称尺常数。表 2-2-1 中的 K_1＝4.787 m，K_2＝4.687 m。

(3) 高差计算与校核：

黑面高差（15）＝（3）－（7）。

红面高差（16）＝（4）－（8）。

检核计算（17）＝（13）－（14）＝（15）－（16）±0.100≤±5 mm。

平均高差（18）＝$\frac{1}{2}$[（15）＋（16）±0.100]。

上述各项记录、计算见表 2-2-1。

2. 内业计算 四等闭合水准路线高差闭合差的计算、调整方法与普通水准测量相同。四等闭合水准路线高程计算空表见表 2-2-4。

表 2-2-4 四等闭合水准路线高程计算空表

点　号	距离(km)	高差(m)	改正数(mm)	改正后高差(m)	高程(m)	备　注
Σ						

五、实验注意事项与思考题

（一）实验注意事项

(1) 每站观测结束后应当立即计算检核，若有超限则重测该测站。全路线施测完毕，各项检核均已符合，路线闭合差在限差之内，才可收测，结束实验。

(2) 一个测站的水准路线长等于该测站前后视距离之和，一个测段的水准路线长等于该测段所有测站水准路线长之和，闭合水准路线总长等于各测段水准路线长之和，以千米为单位,保留到小数点后两位。

(3) 每个测段需布设成偶数个测站,以消除和减弱水准尺零点误差。

(4) 记录字迹工整、清晰,不得任意修改,记录者必须回报读数。

(5) 高差的计算采用奇进偶舍的原则;记录、计算时的占位"0"必须填写。正的高差的"+"号必须写,K+黑或-红所得结果为正的"+"号必须写。

(二) 思考题

(1) 怎样用步量法确定前后视距离大致相等?

(2) 用双面水准尺进行四等水准测量,在一个测站上应观测哪些数据?要检查哪些限差才可以搬站继续测量?计算高差平均值时为何将红面高差加减 0.1 m 才与黑面高差平均?

实验 3　测回法测水平角

一、实验目的与任务

（1）认识 DJ_6 光学经纬仪的基本构造及主要部件的名称与作用；
（2）练习 DJ_6 经纬仪的对中、整平、读数及水平度盘读数的配置方法；
（3）掌握用测回法观测水平角的观测顺序、记录和计算方法；
（4）每小组用测回法观测同一个角度3个测回。

二、主要仪器与工具

DJ_6 光学经纬仪 1 台、记录板 1 块、2H 铅笔 1 支、测伞 1 把、木桩 3 个（也可画记号）、标杆 2 根或带垂球的三脚架 2 个。

三、实验步骤与技术要求

（一）经纬仪的认识与使用

（1）了解经纬仪的构造和各部件的名称、作用及其使用方法，由实验指导教师现场讲解。经纬仪各部件的名称见图 2-3-1。

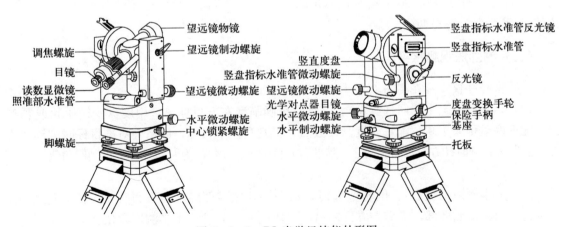

图 2-3-1　DJ_6 光学经纬仪外形图

（2）在指定的场地上选定相距约 60 m 且相互通视的 A、B、C 三个点，打下木桩或做记号，在桩顶上画一十字标识其点位，并竖立标架。
（3）打开三脚架安置于测站上，使其高度与观测者肩膀高度相当，架头大致水平。
（4）经纬仪的安置。
　　a. 对中。对中分两种：①垂球对中：挂上垂球，平移脚架，使垂球尖大致对准测站点，并注意架头水平，踩紧脚架，松动连接螺旋，在架头上平移仪器，使垂球尖精确对准测站点，最后旋紧连接螺旋；②光学对中：平移脚架，使架头大致水平，将测站点移在小光圈内，踩紧脚架，调节架腿长度，使圆水准气泡居中。

b. 整平。转动照准部，使水准管平行于任意一对脚螺旋，同时相对旋转这两只脚螺旋，使水准管气泡居中；将照准部转动90°，再单独转动第三只脚螺旋，使气泡居中。如此反复调试，直至照准部转到任何方向气泡在水准管内的偏移都不超过分画线的一格为止。此时要注意检查对中情况，若对中超限要重新对中。

c. 瞄准。用一张白纸挡在望远镜物镜前5 cm处，转动目镜使十字丝清晰；通过粗略瞄准，使目标位于视场内，旋紧望远镜和照准部的制动螺旋；转动物镜调焦螺旋，使目标影像清晰，转动望远镜和照准部的微动螺旋，用十字丝精确照准目标；眼睛上下轻微移动，检查有无视差，若有再次调焦予以消除。

d. 读数。调节反光镜的位置，使读数窗亮度适中；转动读数显微镜的目镜调焦螺旋，使度盘及分微尺的刻画清晰。区分水平度盘与竖直度盘读数窗，辨明测微器的读数设备是分微尺测微器还是测微轮测微器（这种现在基本不用了）。

分微尺测微器读数说明：分微尺的范围是$0'\sim 60'$，共分60小格，每小格的格值为$1'$，读数时可估读至1小格的$1/10$（$0.1'$，即$06''$）。分微尺的0线为读数起始指标线，首先读取落在分微尺范围内的度盘刻画线的读数，然后再读取度盘刻画线至读数起始指标线（0线）间的读数，不足1格的部分应估读到零点几分。如图2-3-2所示，读数为$180°05.0'$，即$180°05'00''$，分秒位不足两位的应用"0"补齐至两位。

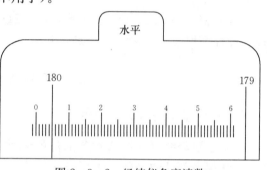

图2-3-2 经纬仪角度读数

（二）测回法观测水平角

（1）将经纬仪安置在测站点O上，对中、整平。

（2）第一测回上半测回（盘左）。以盘左精确瞄准左方目标A，用度盘变换手轮或复测扳手配置度盘稍大于0°。配置好度盘读数后，再观察一下目标，以精确对准目标时的读数为准，记为a_1，顺时针方向转动照准部，瞄准右方目标B，读数记为b_1，计算上半测回角值：

$$\beta_{左1}=b_1-a_1$$

（3）下半测回（盘右）。倒转望远镜，水平转动照准部瞄准右方目标B，读数记为b_2，逆时针方向转动照准部，瞄准左方目标A，读数记为a_2，计算下半测回角值：

$$\beta_{右1}=b_2-a_2$$

检查半测回差是否超限，上、下半测回差应不大于$36''$。如在限差范围内，一测回角值β_1为

$$\beta_1=\frac{\beta_{左1}+\beta_{右1}}{2}$$

（4）若测n个测回，从第2个测回起，对准左方目标的度盘起始读数约变化$180°/n$；如观测3个测回，则各测回的起始方向读数应按60°递增，即分别设置成稍大于0°、60°、120°。观测步骤和第一测回相同，各测回角值之差如在测回差的允许范围内取其平均值。

（三）技术要求

（1）对中误差小于 3 mm，整平误差小于 1 格。
（2）上下半测回角值之差不超过±36″，各测回角值之差不超过±24″。

四、实验记录与计算

示范记录见表 2-3-1，记录空表见表 2-3-2。

表 2-3-1 测回法观测手簿

仪器型号：_____ 日　期：_____ 天　气：_____
班　组：_____ 观测者：_____ 记录者：_____

测站 (测回)	竖盘 位置	目 标	水平度盘读数 (° ′ ″)	半测回角值 (° ′ ″)	一测回角值 (° ′ ″)	各测回平均角值 (° ′ ″)	备　注
O 第1测回	左	A	0　00　06	35　28　24	35　28　21	35　28　24	
		B	35　28　30				
	右	A	180　00　30	35　28　18			
		B	215　28　48				
O 第2测回	左	A	90　00　12	35　28　30	35　28　27		
		B	125　28　42				
	右	A	270　00　12	35　28　24			
		B	305　28　36				

表 2-3-2 测回法观测记录

仪器型号：_____ 日　期：_____ 天　气：_____
班　组：_____ 观测者：_____ 记录者：_____

测站 (测回)	竖盘 位置	目 标	水平度盘读数 (° ′ ″)	半测回角值 (° ′ ″)	一测回角值 (° ′ ″)	各测回平均角值 (° ′ ″)	备　注
	左						
	右						
	左						
	右						
	左						
	右						

(续)

测站 (测回)	竖盘 位置	目标	水平度盘读数 (° ′ ″)	半测回角值 (° ′ ″)	一测回角值 (° ′ ″)	各测回平均角值 (° ′ ″)	备注
	左						
	右						
	左						
	右						
	左						
	右						
	左						
	右						

五、实验注意事项与思考题

(一) 实验注意事项

(1) 在架头移动仪器时，中心螺旋不要完全拧松，移动完后，立刻拧紧中心螺旋。
(2) 由上半测回转到下半测回时，不能重新配置度盘读数。
(3) 瞄准目标时，尽可能瞄准目标底部（或用垂球标示目标），以减少目标倾斜引起的误差。观测时一定要消除照准视差和读数视差。
(4) 同一测回观测时，不要误动复测扳手或度盘变换手轮，以免碰动度盘。
(5) 观测过程中若发现气泡偏移超过一格时，应重新整平重测该测回。
(6) 角度计算时，总是右方目标读数减去左方目标读数，当右方目标读数小于左方目标读数时，应加上 360°再计算。

(二) 思考题

1. 观测水平角时为什么要整平和对中？两者相互之间有无影响？
2. 在多测回观测水平角时为什么要改变水平度盘的起始读数？

实验 4　全圆测回法测水平角

一、实验目的与任务

（1）学习使用全站仪进行水平角的观测；
（2）掌握全圆测回法测量水平角的操作步骤、记录和计算方法；
（3）每组对同一个水平角观测 3 个测回。

二、主要仪器与工具

全站仪 1 台、基座棱镜一套、全圆测回法记录手簿、记录板等。

三、实验步骤与技术要求

（一）天宝 M3 全站仪简介

天宝全站仪具有 WinCe 操作系统，高精度免棱镜测距，摩擦制动，无限位微动，双电池交替供电，标配 RS232C/USB 数据接口，激光对点。测角、测距精度高。天宝 M3 全站仪结构如图 2-4-1 所示。

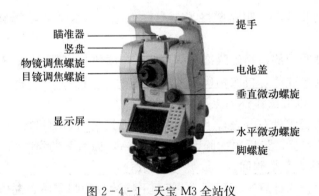

图 2-4-1　天宝 M3 全站仪

（二）天宝 M3 全站仪全圆测回法测水平角

1. 架设好全站仪，进行对中与整平　以天宝 M3 全站仪为例加以说明。打开机身上的电源键，进入开机原始界面，见图 2-4-2。双击界面上的 Digital Field book 图标，电子整平界面自动跳出来，按照要求整平即可，整平以后点击接受，见图 2-4-3。
通过翻查图 2-4-3 屏幕左侧的三角符号，可以翻页，共 3 页，见图 2-4-4。
第一页：水平角，天顶距，斜距（HA，VA，SD）；
第二页：水平角，平距，垂距（HA，HD，VD）；
第三页：北向，东向，高程（X，Y，Z）或（N，E，Z）。

也可以在右下角"选项"中选择想要首页显示的内容和测量次数。

图 2-4-2 开机界面

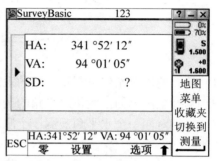

图 2-4-3 角度距离测量界面

HA：341°52′12″　　HA：341°52′12″　　N：345.325 m
VA：94°01′05″　　HD：55.987 m　　　E：765.348 m
SD：56.125 m　　　VD：−3.942 m　　　Z：21.579 m

图 2-4-4 主界面翻页显示内容

2. 每一小组选择 3 个目标（A、B、C）进行全圆测回法观测　具体操作步骤如下：

（1）第 1 测回：盘左瞄准起始目标 A，在主界面下方按"设置"键，将水平度盘读数配为略大于 0°，如 0°00′48″。

（2）顺时针转动照准部，粗略瞄准另一目标 B，再用水平微动螺旋精确瞄准，读数并记录。

（3）顺时针转动照准部，精确瞄准另一目标 C，读数并记录。

（4）顺时针转动照准部，再次精确瞄准起始目标 A，读数并记录，称为上半测回归零，要求归零差≤±24″。以上操作称为上半测回。

（5）倒转望远镜变成盘右，进行下半测回观测。先精确瞄准目标 A，读数并记录。再逆时针依次观测 C、B 目标，最后再次瞄准起始目标 A，称为下半测回归零，同样要求归零差≤±24″。以上操作称为下半测回。

（6）按照表格中公式计算第 1 测回 2C 值、平均读数和归零后方向值。

（7）第 2 测回：盘左瞄准起始目标 A，在主界面下方按"设置"键，将水平度盘读数配为略大于 60°，如 60°00′42″。重复（2）～（5）步，计算第 2 测回 2C 值、平均读数和归零后方向值。

（8）第 3 测回：盘左瞄准起始目标 A，在主界面下方按"设置"键，将水平度盘读数配为略大于 120°，如 120°00′18″。重复（2）～（5）步，计算第 3 测回 2C 值、平均读数和归零后方向值。

（9）若各测回归零后同一方向值互差≤±24″，则可取各测回归零平均方向值作为最后结果，否则需查明原因重新测量。

（10）测量结束，关机。

四、实验记录与计算

实验记录与计算示范见表 2-4-1，空表见表 2-4-2。

表 2-4-1　全圆测回法观测手簿

日期：2019.3.5　　天气：晴朗　　仪器型号：天宝 M3　　班级小组：××级林学×班×组

测回数	测站	目标	水平度盘读数 盘左 (° ′ ″)	水平度盘读数 盘右 (° ′ ″)	2C=左−(右±180) (″)	平均读数=[左+(右±180)]/2 (° ′ ″)	归零后方向值 (° ′ ″)	各测回归零平均方向值 (° ′ ″)	备注
1	O	A	0 00 48	180 00 54	−06	(00　46) 0　00　51	0　00　00	0　00　00	
		B	45 04 18	225 04 30	−12	45　04　24	45　03　38	45　03　46	
		C	199 21 30	19 21 24	+6	199　21　27	199　20　41	199　20　50	
		A	0 00 36	180 00 48	−12	0　00　42			
2	O	A	90 00 48	270 00 36	+12	(00　33) 90　00　42	0　00　00		
		B	135 04 24	315 04 30	−06	135　04　27	45　03　54		
		C	289 21 30	109 21 36	−06	289　21　33	199　21　00		
		A	90 00 30	270 00 18	+12	90　00　24			

五、实验注意事项与思考题

（一）实验注意事项

（1）按 α 键，可以在数字与字母间切换；按 CTRL 键，可以输入键盘上黄颜色键上的内容；

（2）在各测回瞄准同一目标时，必须采用相同的照准方法照准目标的同一位置；

（3）下半测回不能重新配置度盘。

（二）思考题

规范要求：用全圆测回法进行水平角测量时，当方向数多于 3 个时需归零，归零的操作是指（　　）。

A. 每半测回结束前再观测一次起始方向

B. 半测回结束后将水平度盘调到 0°00′00″

C. 一测回结束后将水平度盘调到 0°00′00″

D. 盘左变换成盘右时将水平度盘调到 0°00′00″

表 2-4-2 全圆测回法观测手簿

日期：_____ 天气：_____ 仪器型号：_____ 班级小组：_____

测回数	测站	目标	水平度盘读数		2C=左-(右±180)(″)	平均读数=[左+(右±180)]/2(° ′ ″)	归零后方向值(° ′ ″)	各测回归零平均方向值(° ′ ″)	水平角值(° ′ ″)	备注
			盘 左(° ′ ″)	盘 右(° ′ ″)						

实验 5　竖直角与视距测量

一、实验目的与任务

（1）掌握竖直角的测量方法；
（2）掌握视距测量法测量两点间水平距离和高差的方法；
（3）每人完成一测回竖直角以及 2 个点的视距测量的观测、记录及计算。

二、主要仪器与工具

J_6 经纬仪 1 台、水准尺 1 根、小钢尺 1 个、计算器 1 个、记录板 1 块。

三、实验步骤与技术要求

（一）竖直角测量

竖直角为同一竖直面内倾斜视线与水平视线之间的夹角。在测量竖直角前首先要判别竖直角计算公式。

1. 竖直角计算公式的判别　将经纬仪对中整平，盘左时使望远镜大致水平，若竖盘读数接近于 90°，则盘左时视线水平时的竖盘读数为 90°。将望远镜上仰，若竖盘读数逐渐变小，由于规定仰角为正值，则竖直角 $\alpha_左 = 90° - L$；若竖盘读数逐渐变大，由于规定仰角为正值，则竖直角 $\alpha_左 = L - 90°$。L 为视线倾斜时的竖盘读数。

盘右时使望远镜大致水平，若竖盘读数接近于 270°，则盘右时视线水平时的竖盘读数为 270°。将望远镜上仰，若竖盘读数逐渐变大，由于规定仰角为正值，则竖直角 $\alpha_右 = R - 270°$；若竖盘读数逐渐变小，由于规定仰角为正值，则竖直角 $\alpha_右 = 270° - R$。R 为视线倾斜时的竖盘读数。

2. 竖直角的测量　首先判别竖直角的计算公式，现代经纬仪竖盘一般为顺时针注记，盘左竖直角 $\alpha_左 = 90° - L$；盘右竖直角 $\alpha_右 = R - 270°$。

（1）盘左时，将经纬仪瞄准待测目标（如标尺 2 m 刻画处），将竖盘指标水准管气泡调居中（或将竖盘补偿器旋到 ON 位置），读取竖盘读数 L，则 $\alpha_左 = 90° - L$。

（2）盘右时，将经纬仪瞄准上述待测目标，将竖盘指标水准管气泡调居中（或将竖盘补偿器旋到 ON 位置），读取竖盘读数 R，则 $\alpha_右 = R - 270°$。

一测回竖直角：$\quad\quad\quad\quad \alpha = \dfrac{1}{2}(\alpha_左 + \alpha_右)$

指标差：$\quad\quad\quad\quad\quad\quad x = \dfrac{1}{2}(\alpha_右 - \alpha_左)$

（二）视距测量

视距测量是利用装在经纬仪或水准仪望远镜内十字丝分划板上的视距丝装置，配合视距标尺，根据几何光学与三角学原理，同时测定两点间的水平距离和高差的一种方法。视距测量的相对误差为 1/300～1/200，满足地形图测绘中测定碎部点的精度要求。

1. 安置仪器　经纬仪在已知点 A 上对中、整平，量取仪器高（量到厘米位即可），在 20 m 远处找一点（如草坪拐点）B 立标尺。

2. 读数　盘左时，经纬仪瞄准待测点上的水准标尺，分别读取上、中、下三丝的读数，将竖盘指标水准管气泡调居中，读取竖盘读数 L，只需读到分即可。

3. 计算 A、B 两点间的水平距离和高差

水平距离：$$D_{AB}=kl\cos^2\alpha$$

高差：$$h_{AB}=D\tan\alpha+i-v$$

待测点 B 点的高程：$$H_B=H_A+h_{AB}$$

$$\alpha=90-L+x$$

式中：k——视距常数，$k=100$。

l——上、下丝读数之差，称为视距间隔或尺间隔。

i——仪器高。

v——中丝读数。

α——竖直角。

x——指标差。若 $x<1'$，计算竖直角时可不考虑 x。

H_B——B 点高程。

L——盘左时竖盘读数。

水平距离和高程以米为单位，精确到小数点后两位。

四、实验记录与计算

将观测数据逐一填入竖直角测量记录表和视距测量记录表中，竖直角测量记录计算范例参见表 2-5-1；视距测量记录计算范例见表 2-5-2。实验用的竖直角测量记录空表和视距测量记录空表见表 2-5-3 和表 2-5-4。

表 2-5-1　竖直角测量记录

时间：2019.10.9　　天气：晴　　班组：林学×班×组　　测站名：A　　观测者：华隆　　记录者：龚管

测站	测点	盘位	竖盘读数 (° ′ ″)	半测回竖直角 (° ′ ″)	指标差 (′ ″)	一测回竖直角 (° ′ ″)	瞄准位置
A	B	左	88　37　36	+1　22　24	+0　36	+1　23　00	标尺黑面 2 m
		右	271　23　36	+1　23　36			

表 2-5-2　视距测量记录

时间：2019.10.9　　天气：晴　　班组：林学×班×组　　测站名：A
仪器高 i：1.45　　测站高程 H_A：30.626　　观测者：华隆　　记录者：龚管

点号	下丝读数 (m)	上丝读数 (m)	中丝读数 (m)	视距间隔 (m)	竖盘读数 (° ′)	竖直角 (° ′)	仪器高 (m)	水平距离 (m)	高差 (m)	高程 (m)
1	1.213	0.876	1.044	0.337	91　20	−1　20	1.45	33.68	−0.38	30.25

表 2-5-3　竖直角测量记录

时　间：_____　　　天　气：_____　　　班　组：_____
测站名：_____　　　观测者：_____　　　记录者：_____

测站	测点	盘位	竖盘读数 (° ′ ″)	半测回竖直角 (° ′ ″)	指标差 (′ ″)	一测回竖直角 (° ′ ″)	瞄准位置
		左					
		右					
		左					
		右					
		左					
		右					

表 2-5-4　视距测量记录

时　间：_____　　　天　气：_____　　　班　组：_____　　　测站名：_____
仪器高 i：_____　　　测站高程 H_0：_____　　　观测者：_____　　　记录者：_____

点号	下丝读数 (m)	上丝读数 (m)	中丝读数 (m)	视距间隔 (m)	竖盘度数 (° ′)	竖直角 (° ′)	仪器高 (m)	水平距离 (m)	高差 (m)	高程 (m)

五、实验注意事项与思考题

（一）实验注意事项

（1）标尺要严格竖直，不能前后左右倾斜；
（2）上下丝估读到毫米位，竖直角读到分即可；
（3）同一台仪器测量的不同目标或同一个目标不同测绘的指标差之差≤25″。

（二）思考题

分析说明中丝读数瞄准仪器高有哪些好处？

实验 6 闭合导线内业计算

一、实验目的与任务

(1) 导线测量内业计算的目的就是计算各导线点的平面坐标 x、y,为此必须掌握闭合导线的内业计算方法和步骤;

(2) 每人独立完成闭合导线内业计算的全过程。

二、主要仪器与工具

计算器 1 台、闭合导线坐标计算表 1 张、铅笔、橡皮。

三、实验步骤与技术要求

闭合导线的内业计算就是根据起始点的坐标和起始边的坐标方位角,以及所观测的导线边长和导线夹角,计算各导线点的坐标。计算的目的除了求得各导线点的坐标外,还有就是检核导线外业测量成果的精度。坐标计算步骤如下:

(1) 外业成果审查和绘制计算草图 计算之前,应先全面检查导线测量外业记录、数据是否齐全,有无记错、算错,成果是否符合精度要求,起算数据是否准确。然后绘制计算简图,将各项数据标注在图上的相应位置,如图 2-6-1 所示。从计算简图可一目了然地看到闭合导线的布设情况。

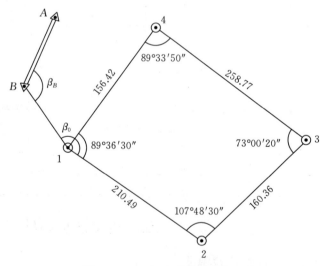

图 2-6-1 闭合导线计算简图

(2) 将已知坐标数据、角度、距离填入表格中相应位置。

(3) 角度闭合差的计算与调整。

(4) 反算起始边的坐标方位角并推算导线其他各边的坐标方位角。

(5) 坐标增量的计算及闭合差调整。

(6) 坐标的计算 导线计算的前提是判断外业观测数据,即角度和距离测量成果是否合格。外业观测数据是通过角度闭合差 f_β、纵坐标增量闭合差 f_x、横坐标增量闭合差 f_y、导线全长闭合差 f、导线全长相对闭合差 K 等来衡量。只有外业观测成果合格,才能计算坐标。

四、实验记录与计算

（一）填表要求及方法

由于导线计算数据繁多，为了清晰醒目，方便检查，一般规定其计算都在专用的表格上进行。计算之前，将审查过的外业观测数据及起算数据填入闭合导线坐标计算表，见表2-6-1，起算数据用下划线标明。实验用的空表见表2-6-2。

（二）角度闭合差的计算与调整

1. 计算角度闭合差与闭合差的容许值 如图2-6-1所示，n边形闭合导线内角和的理论值为$(n-2)\times 180°$，n为闭合导线边数或转折角个数，本例$n=4$；内角和的理论值为$360°$。由于观测水平角不可避免地含有误差，致使实测的内角之和（本例为$359°59'10''$）不等于理论值，两者之差称为角度闭合差，用f_β表示，本例$f_\beta=-50''$。角度闭合差的大小反映了水平角观测的质量。图根导线角度闭合差的容许值$f_{\beta容}=\pm 40''\sqrt{n}$，$n$为闭合导线内角个数，本例$n=4$，$f_{\beta容}=\pm 80''$，$f_\beta$、$f_{\beta容}$的计算见表2-6-1的辅助计算栏。此例$f_\beta=-50''\leqslant f_{\beta容}=\pm 80''$，说明测角精度符合要求。

2. 计算角度闭合差的改正数及改正后的内角 可将闭合差按相反符号平均分配给各观测角，也就是每个观测角加相同的改正数〔当f_β不能被n整除时，首先将改正数取到整秒，然后将多（少）出来的数值灵活调整到某1个或2个角上，如本例中的角2和角1的改正数为$+13''$〕，而得出改正后的角度（改正后的角度＝观测角度＋改正数），见表2-6-1中的第（3）（4）列。在误差调整后应作计算检核，即水平角改正数之和应与角度闭合差大小相等、符号相反，闭合导线改正后内角和为$360°$。

（三）推算各边的坐标方位角

1. 推算起始边 AB 的坐标方位角 根据A、B两点的坐标反算AB边的坐标方位角。$\tan\alpha_{AB}=\Delta y_{AB}/\Delta x_{AB}=(y_B-y_A)/(x_B-x_A)$，由于$\alpha_{AB}\in[0,360°)$，坐标方位角与坐标增量的符号之间的关系如下：

$$\left.\begin{array}{l}\Delta y_{AB}>0,\Delta x_{AB}>0,\alpha_{AB}=\arctan(\Delta y_{AB}/\Delta x_{AB})\\ \Delta y_{AB}>0,\Delta x_{AB}<0,\alpha_{AB}=\arctan(\Delta y_{AB}/\Delta x_{AB})+180°\\ \Delta y_{AB}<0,\Delta x_{AB}<0,\alpha_{AB}=\arctan(\Delta y_{AB}/\Delta x_{AB})+180°\\ \Delta y_{AB}<0,\Delta x_{AB}>0,\alpha_{AB}=\arctan(\Delta y_{AB}/\Delta x_{AB})+360°\end{array}\right\} \quad (2-6-1)$$

按照上面公式推算出$\alpha_{AB}=117°20'26''$。

2. 推算其他边的坐标方位角 根据起始边AB的坐标方位角及改正后的导线内角，按公式推算各边坐标方位角，见表2-6-1中的第（5）栏。

若$\beta_左$在推算路线前进方向的左侧，该角称为前进方向的左角。这时推算坐标方位角的一般公式为：$\alpha_前=\alpha_后+\beta_左-180°$。由于$\alpha_{AB}\in[0,360°)$，根据该计算的结果，如果$\alpha_前>360°$，应减去$360°$；如果$\alpha_前<0°$，则应加上$360°$。推算完后，应做检核，看分别通过$B1$边和$41$边计算出的$12$边的坐标方位角是否相等，若不相等，应查找原因重新计算。

表 2-6-1 闭合导线坐标计算

班组：　　　　　观测者：　　　　　计算者：

点号 (1)	观测角(左角) (°′″) (2)	改正数 (″) (3)	改正角 (°′″) (4)=(2)+(3)	坐标方位角 α (°′″) (5)	距离 D (m) (6)	坐标增量 Δx (m) (7)	坐标增量 Δy (m) (8)	改正后的增量值 Δx (m) (9)	改正后的增量值 Δy (m) (10)	坐标 x (m) (11)	坐标 y (m) (12)	点号 (13)
A										**856.86**	**647.76**	A
				117 20 26								
B	133 07 04	0	133 07 04		179.14	+59.92 +0.03	+168.82 +0.06	+59.92	+168.82	762.16	830.92	B
				70 27 30								
1	184 29 10	0	184 29 10		210.49	+54.68 +0.02	+203.26 +0.05	+54.71	+203.32	822.08	999.74	1
				74 56 40								
2	107 48 30	+13	107 48 43		160.36	+160.17 +0.03	+7.71 +0.08	+160.19	+7.76	876.79	1 203.06	2
				2 45 23								
3	73 00 20	+12	73 00 32		258.77	−63.63 +0.02	−250.82 +0.05	−63.60	−250.74	1 036.98	1 210.82	3
				255 45 55								
4	89 33 50	+12	89 34 02		156.42	−151.32	+39.61	−151.30	+39.66	973.38	960.08	4
				165 19 57								
1	89 36 30	+13	89 36 43							822.08	999.74	1
				74 56 40								
2												2
	359 59 10	+50	360 00 00		786.04	−0.10	−0.24	0	0			

辅助计算

$$f_\beta = \sum \beta - (n-2) \times 180° = -50''$$

$$f_容 = \pm 40''\sqrt{n} = \pm 80''$$

$$f_\beta < f_容$$

$$f_x = \sum \Delta x = -0.10\text{m} \qquad f_y = \sum \Delta y = -0.24\text{m}$$

$$f = \sqrt{f_x^2 + f_y^2} = 0.26\text{m} \qquad k = f/\sum D = 1/3\ 023$$

$$k_容 = 1/3\ 000 \qquad k < k_容$$

表 2-6-2 闭合导线坐标计算

点号	观测角（左角）(° ′ ″)	改正数 (″)	改正角 (° ′ ″)	坐标方位角 α (° ′ ″)	距离 D (m)	坐标增量		改正后的增量值		坐标		点号
						Δx (m)	Δy (m)	Δx (m)	Δy (m)	x (m)	y (m)	
(1)	(2)	(3)	(4)=(2)+(3)	(5)	(6)	(7)	(8)	(9)	(10)	(11)	(12)	(13)
辅助计算												

(四) 坐标增量的计算及闭合差调整

1. 计算坐标增量 根据已推算出的导线各边的坐标方位角和相应边的边长就可计算各边的坐标增量。以计算 B1 边的坐标增量为例，计算结果保留两位小数，"＋"号不能省掉。

$$\left.\begin{aligned} \Delta x_{B1} &= D_{B1} \times \cos\alpha_{B1} = +59.92 \text{ m} \\ \Delta y_{AB} &= D_{B1} \times \sin\alpha_{B1} = +168.82 \text{ m} \end{aligned}\right\} \quad (2-6-2)$$

2. 计算坐标增量闭合差 如图 2-6-1 所示，闭合导线纵、横坐标增量代数和的理论值应为零，由于量边误差和角度闭合差调整后的残余误差，使得实际计算所得的 $\sum \Delta x_{测}$、$\sum \Delta y_{测}$ 不等于零，从而产生纵坐标增量闭合差 f_x 和横坐标增量闭合差 f_y，即

$$\left.\begin{aligned} f_x &= \sum \Delta x_{测} \\ f_y &= \sum \Delta y_{测} \end{aligned}\right\} \quad (2-6-3)$$

算出坐标增量闭合差后，可计算导线全长闭合差 $f = \sqrt{f_x^2 + f_y^2}$。由于 f 主要由量边误差产生，因此导线越长，这种误差的积累就越大。因此，衡量导线测量的精度还应该考虑导线的总长。将 f 与导线全长（闭合导线内各边边长之和）$\sum D_i$ 之比，以分子为 1 的形式表示，称为导线全长相对闭合差 k，即

$$k = \frac{f}{\sum D_i} = \frac{1}{\sum D_i / f} \quad (2-6-4)$$

k 值越小，精度越高。不同等级的导线全长相对闭合差的容许值 $k_{容}$ 也不同，用皮尺量距的导线，要求 $k_{容} \leqslant 1/1\,000$；钢尺量距的导线，要求 $k_{容} \leqslant 1/2\,000$；用红外测距仪测距的导线，要求 $k_{容} \leqslant 1/3\,000$。

若 $k > k_{容}$，则说明成果不合格，此时应对导线的内业计算和外业工作进行检查，必要时须重测。若 $k \leqslant k_{容}$，说明测量成果符合精度要求，可以进行纵横坐标增量闭合差的调整。坐标增量闭合差的调整是将 f_x、f_y 反其符号，按与边长成正比的原则分配到各边的坐标增量中去，即各边坐标增量的改正数为

$$\left.\begin{aligned} v_{\Delta x_{ij}} &= -\frac{f_x}{\sum D_i} D_{ij} \\ v_{\Delta y_{ij}} &= -\frac{f_y}{\sum D_i} D_{ij} \end{aligned}\right\} \quad (2-6-5)$$

本例中，$v_{\Delta x_{12}} = +0.03$ m，$v_{\Delta y_{12}} = +0.06$ m，"＋"号不能省掉。

改正数取到整厘米位，且 $\sum v_{\Delta x} = -f_x$，$\sum v_{\Delta y} = -f_y$。若由于计算取位的原因导致不相等，可将残余误差加（减）到边长最大边的坐标增量改正数中。

坐标增量闭合差、导线全长闭合差及导线全长相对闭合差在表 2-6-1 中的辅助计算栏中进行计算。各边坐标增量闭合差的改正数按式（2-6-5）计算好后，写在相应的坐标增量计算值上方，见表 2-6-1 中的第（7）（8）栏。各边的坐标增量计算值加上相应的改正

数就得出各边改正后的坐标增量,见表 2-6-1 中的第 (9)(10) 栏。改正后的闭合导线内各边纵、横坐标增量之和应分别为零,以作计算检核。

(五)计算各导线点坐标

根据起始点的坐标和改正后的坐标增量,用下式依次推算各导线点的坐标:

$$\left.\begin{array}{l} x_{前} = x_{后} + \Delta x_{改} \\ y_{前} = y_{后} + \Delta y_{改} \end{array}\right\} \qquad (2-6-6)$$

导线点坐标推算在表 2-6-1 的第 (11)(12) 栏中进行。在算例中,闭合导线从已知点 B 开始,依次推算 1、2、3、4 点的坐标,最后还应再次推算 1 点的坐标,两次计算出的 1 点的坐标应该相等;否则,应仔细检查,直至满足要求为止。

五、实验注意事项与思考题

(一)实验注意事项

(1) 反算起始边的坐标方位角时,注意其所在象限;

(2) 推算出来的坐标方位角应与计算草图对照,看是否基本一致,若差别太大,要马上找出原因;

(3) 在表格计算中,按从左到右、从上到下的顺序进行。其中,角度闭合差改正数之和、纵横坐标增量闭合差改正数之和及改正后的纵横坐标增量之和的计算步骤和结果都要严格进行校核。

(二)思考题

(1) A、B、C 三点共线,如图 2-6-2 所示,A、B 点的坐标分别为 A(100 m, 100 m),B(90 m, 300 m),$D_{AC}=90$ m,求 C 点的坐标。

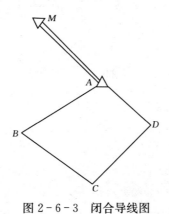

图 2-6-2 三点共线

(2) 如图 2-6-3 所示,已知 M 点的坐标为 M(2 000.00, 1 500.00),A 点的坐标为 A(1 500.00, 2 000.00),单位为米,连接角 ∠MAB=273°03′57″,导线连接角和转折角及边长如表 2-6-3 所示。试回答如下问题:

图 2-6-3 闭合导线图

表 2-6-3 观测角与导线边长

点名	观测角 (° ′ ″)	坐标方位角 (° ′ ″)	导线边长 (m)
M			
A	273 03 57		
B	77 25 30		100.00
C	98 36 08		
D	90 39 38		
A	93 17 44		
B			

A. 试计算角度闭合差 f_β，$f_{\beta容}=\pm 40\sqrt{n}$，$n$ 为角的个数；试计算坐标方位角 α_{AB}、α_{BC}；试计算导线边 AB 的坐标增量。

B. 若 $f_x=+0.10\,\mathrm{m}$，$f_y=-0.20\,\mathrm{m}$，闭合导线全长 $500.00\,\mathrm{m}$，试计算导线全长相对闭合差 k，$k_容=1/2\,000$，并计算 B 点的坐标（保留到小数点后两位）。

实验 7　经纬仪测绘法测图

一、实验目的与任务

掌握用经纬仪测绘法测绘大比例尺地形图的方法。

二、主要仪器与工具

DJ_6 光学经纬仪 1 台、绘图板 1 块、皮尺 1 把、视距尺 1 根、绘图纸 1 张、比例尺 1 根、铁三脚架 1 个、绘图量角器 1 个、碎部测量记录表 1 张。

三、实验步骤与技术要求

经纬仪测绘法是将经纬仪安置在控制点上，绘图板安置于测站旁，用经纬仪测出碎部点方向与已知方向之间的水平夹角；再用视距测量方法测出测站到碎部点的水平距离及碎部点的高程；然后根据测定的水平角和水平距离，用量角器和比例尺将碎部点展绘在图纸上，并在点的右侧注记其高程。

经纬仪测绘法的特点是在野外边测边绘，便于检查碎部点有无遗漏及观测、记录、计算、绘图有无错误；还便于就地勾绘等高线，操作简单灵活，是碎部测量最常用的方法。

实验前，应先绘制好坐标格网。根据已知控制点的坐标及测区范围，合理选取图幅西南角的坐标，并将 A、B 两点按 1∶500（或 1∶1 000）比例尺展绘到方格网中。

（一）安置仪器

在实验场地上选定控制点 A，以 A 为测站点，安置经纬仪，对中，整平，量取仪器高 i（精确到厘米位），并填入手簿。在经纬仪旁支好绘图板，贴好图纸。

（二）定向

后视另一控制点 B，将水平度盘读数设置为 0°00′00″，将图纸上的 A、B 两点连线。图纸上称 AB 方向为零方向或称后视方向，如图 2-7-1 所示。

（三）立尺

司尺员依次将尺立在地物特征点（屋角、道路转弯处）1、2、3 上。地物特征点主要是地物轮廓的转折点，如房屋的房角、围墙、电力线的转折点，道路河岸线的转弯点、交叉点、电杆、独立树的中心点等。连接这些特征点便可得到与实地相似的地物形状。立尺前，司尺员应弄清实测范围和实地情况，选定立尺点，并与观测员、绘图员共同商定跑尺路线。

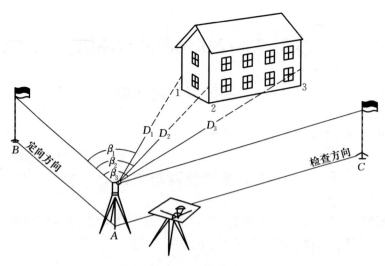

图 2-7-1 经纬仪测绘法

(四)观测

转动照准部,瞄准标尺,读取水平度盘读数 β 和上、中、下三丝读数、竖盘读数。其中上、下丝读到毫米位,水平度盘和竖盘读数读到分位即可。

(五)记录、计算

将上述读数记入表 2-7-1 中。计算水平距离和高程见实验 5。

表 2-7-1 碎部测量记录手簿

日 期:<u>2019.4.26</u>　　天 气:<u>多云</u>　　仪器编号:<u>19</u>　　实习小组:<u>××级林学×班</u>

测站点:<u>A</u>　　后视点:<u>B</u>　　仪器高 i:<u>1.34 m</u>　　测站高程:<u>30.000 m</u>

点号	水平角 β (° ′)	下丝 (m)	上丝 (m)	视距间隔 l(m)	中丝 v (m)	竖直角 α (° ′)	高差 h (m)	平距 D (m)	高程 H (m)
1	59 15	1.469	1.218	0.251	1.34	+2 29	+1.09	25.05	31.09
2	65 37	1.435	1.250	0.185	1.34	-3 26	-1.10	18.43	28.90

(六)展绘碎部点

用大头针将量角器的圆心(图 2-7-2)插在图上 A 处,转动量角器,将量角器上等于水平角 β 的刻画对准零方向线,此时量角器的直线边便是碎部点方向,然后按比例尺将实地水平距离换算成图上距离,定出点的位置,并在点的右侧(或用点位代替高程小数点的位置)注明其高程。如图 2-7-2, $\beta=59°15′$, $D=64.5 \mathrm{~m}$,比例尺为 1:1000,图上距离为 6.45 cm。

(七)地物连线

在一个地物的全部碎部点测绘到图纸上后,需对照实地将地物特征点连起来。地物要按

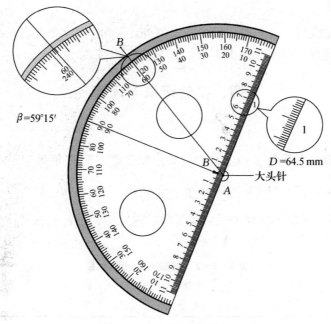

图 2-7-2 专用绘图量角器

地形图图式规定的符号表示。如房屋按其轮廓用直线连接；而河流、道路的弯曲部分则用圆滑的曲线连接；对于不能按比例描绘的地物，应按相应的非比例符号表示。

（八）地貌的勾绘

地貌主要用等高线来表示，不能用等高线表示的特殊地貌，如悬崖、峭壁、陡坎、冲沟等，则用相应的特定符号表示。

将山脊线和山谷线上坡度和方向变化的点测绘到图纸上，连成地性线。

等高线是根据地貌特征点的高程，按规定的等高距勾绘的。在碎部测量中，地貌特征点要选在坡度和方向变化处，这样可视两相邻点间为坡度均匀。由于等高线的高程是等高距的整数倍而所测地貌特征点高程并非等高距的整数倍，故勾绘等高线时，首先要用比例内插法在各相邻地貌特征点间定出等高线通过的高程点，再将高程相同的相邻点用光滑的曲线连接起来。

在两点间进行内插时，这两点间的坡度变化应接近直线。在野外勾绘等高线的常用方法是目估法。用目估法在两高程点间内插等高线的原理是"高差与平距成正比"，方法是"定两头，中间等分"，即先按比例关系目估确定两高程点之间首末两条等高线通过的点位，再按"中间等分"的方法内插确定其他等高线通过点。如图 2-7-3，等高距为 1m，求 57.3m 和 61.8m 两点间等高线通过的点。定两头，即先求出 58.0m 和 61.0m 两条等高线通过的点 1 和 2，"中间等分"，即再将图上 1 和 2 两点三等分，即可求出 59.0m 和 60.0m 两条等高线通过的点。

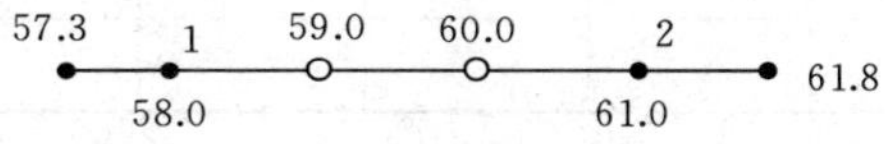

图 2-7-3 目估法求等高线通过点

（九）测站检查

地物地貌测绘完成后，应对照实地检查。另外，每观测 20 个左右的碎部点后，应瞄准起始方向进行归零检查，归零应小于 $4'$。

四、实验记录与计算

（一）记录

将在碎部测量中的水平角 β 和上、中、下三丝读数、竖直角等记录在碎部测量记录表中，并利用视距测量公式：$D = kl\cos^2\alpha$；$h = \frac{1}{2}kl\sin 2\alpha + i - v$；$H = H_0 + h$，计算例子见表 2-7-1。对于有特殊作用的碎部点，如房角、独立地物等，应在备注中加以说明。课间实验用的空表见表 2-7-2。

表 2-7-2 碎部测量记录手簿

日　期：＿＿＿＿＿　　天　气：＿＿＿＿＿　　仪器编号：＿＿＿＿＿　　实习小组：＿＿＿＿＿
测站点：＿＿＿＿＿　　后视点：＿＿＿＿＿　　仪器高：＿＿＿＿＿　　测站高程：＿＿＿＿＿

点　号	水平角 β (° ′)	下丝 (m)	上丝 (m)	视距间隔 l(m)	中丝 v (m)	竖直角 α (° ′)	高差 h (m)	平距 D (m)	高程 H (m)

（二）计算

根据视距间隔、竖直角、仪器高、中丝读数等，用计算器计算测站点到碎部点间的水平距离和碎部点的高程。

五、实验注意事项与思考题

（一）实验注意事项

（1）施测前应对竖盘指标差进行检测，小于 $1'$ 可不用改正；

（2）观测人员在读取竖盘读数时，要注意检查竖盘指标水准管气泡是否居中；

（3）司尺员应将标尺竖直，并随时观察立尺点周围情况，弄清碎部点之间的关系，地形复杂时还需绘出草图，以协助绘图人员作好绘图工作；

（4）测图时应遵循由近到远，由易到难，先测地物后测地貌，边测边画边成形，测完、算完、画完，有问题现场解决的原则。点点清，站站清；

（5）碎部点高程注记的字头应朝北；

（6）当每站工作结束后，应进行检查，在确认地物、地貌无测错或漏测后，方可迁站。

（二）思考题

经纬仪测绘法的主要特点和技术要领是什么？

实验8 全站仪数字测图

一、实验目的与任务

（1）掌握全站仪测记法测图的方法；
（2）完成道路、路灯、草坪等地物的数据采集与草图绘制。

二、主要仪器与工具

全站仪、手持棱镜、记录板、草稿纸等。

三、实验步骤与技术要求

（一）测记法测图的方法

全站仪测记法测图是利用全站仪采集坐标数据，外业绘制草图，根据坐标数据和草图，利用成图软件绘制数字地形图的一种方法。数字测图中地形点的描述必须具备以下三类信息：

（1）定位信息：测点的三维坐标（X，Y，Z）。
（2）属性信息：该点是地物点还是地貌点，是什么样的地物点和地貌点。
（3）连接关系：哪些点连成一个地物？哪些点连成地貌？是用直线还是曲线连？

全站仪测记法测图的主要步骤：第一步设置测站点坐标等信息；第二步设置后视边方位角；第三步找另一个已知坐标点检查，再进行碎部点的数据采集。

（二）天宝M3全站仪测图

1. 安置仪器 打开机身上的电源键，进入开机原始界面（图2-4-2）。双击界面上的 Digital Fieldbook 图标，电子整平界面自动跳出来，按照要求对中整平即可，整平以后点击接受。对中整平完成后，仪器自动进入测角测距界面，见图2-4-3。此时点击屏幕左下角的 ESC 键可以进入数据采集与放样模式，见图2-8-1。

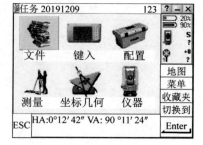

图2-8-1 数据采集放样模式

2. 新建任务 点击"文件"→"新任务"（或打开任务），输入任务名，如20191210。坐标系统及其他设置选择默认的比例，然后点击屏幕右下角"Enter"并存储，这时在屏幕左上角可以看到刚建的任务名，见图2-8-2和图2-8-3。

3. 输入控制点的坐标 点击"键入"，选择"点"，输入控制点名、北向、东向、高程，将控制点下方方格打钩，存储，见图2-8-4和图2-8-5。

图 2-8-2　建立新任务

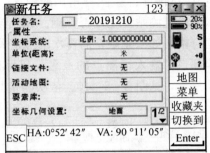

图 2-8-3　新任务名

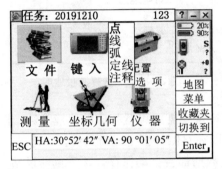

图 2-8-4　选择键入点的坐标

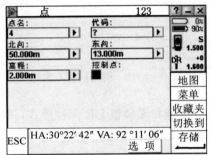

图 2-8-5　键入点的坐标

4. 设置测站　点击"测量"→测站设立，见图 2-8-6。软件进入改正界面，可输入大气压和温度，点击接受。

点击仪器点名右侧三角，选择"列表"，见图 2-8-7。从下拉菜单中找到测站点点名，输入仪器高并点击接受，然后自动跳转到后视点设置界面。

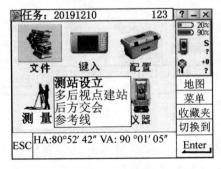

图 2-8-6　测站设立

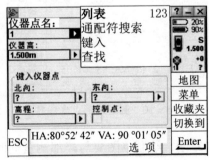

图 2-8-7　调用测站点坐标

5. 完成定向　在一较远后视点上竖立棱镜（气泡居中），点击后视点名右侧三角，选择"列表"，从下拉菜单中找到该后视点号。在"方法"中选择"角度和距离"，见图 2-8-8。用望远镜十字丝的交点瞄准该后视点目标棱镜的中心，点击测量，在弹出的界面中输入后视目标的高度，点击接受即完成定向。

6. 碎部测量　点击"测量"→点击"测量地形",见图 2-8-9。先瞄准另一控制点后点击"测量",点击屏幕左侧三角,翻到 x、y、H 页,查看该点的测量值,并与其实际值进行比较,来检查测站设立是否正确。如果该点的测量值与实际值误差在 5 cm 以内,则认为测站设立合格。如果超限,需再次瞄准定向点进行定向。合格后就可以正式测量了。然后瞄准待测碎部点,输入待测点的点名与目标棱镜的高度,点击"测量",再次点击存储后,点号会自动累加,见图 2-8-10。依次测量其他碎部点。

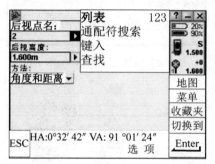
图 2-8-8　调用后视点坐标

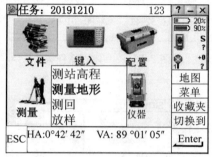
图 2-8-9　选择测量地形

目标点有棱镜和无棱镜 DR 两种模式,棱镜模式需要设置相应的棱镜常数,国产棱镜常数一般为-30,无棱镜模式就用默认的 0,可以在右侧的框中进行选择。

如果在测量过程中突然断电,所有的测量数据都会自动保存,不需重新设站。点击"测量"→"使用上一个",见图 2-8-11。这样就可以使用上一次设站的内容继续进行测量放样工作。为了稳妥起见,可找一已知点检查。

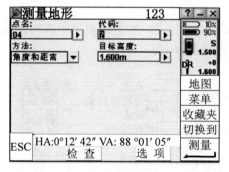
图 2-8-10　测量地形点坐标界面

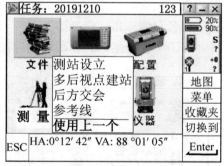
图 2-8-11　使用上一个命令

7. 绘制草图　绘制草图要与碎部测量同时进行,且仪器显示的点号要与草图上的点号一致,见图 2-8-12。草图上要标注点的属性、点与点之间的连接关系。一般而言,同一个地物要连续测量完。矩形房屋只需测量三个点,且要标明房屋的结构和层数。道路、河流、坡、坎等线性地物在方向和坡度变化的地方都需要测点。河流要注明流向,道路要注明铺面材料。独立地物,如井、控制点等测量其中心点。植被测量地类界,并标注地类名称,植被内部要有一定数量的高程点。电力线要区分高压和配电线,一般只需要绘制电线杆,注明电力线走向。

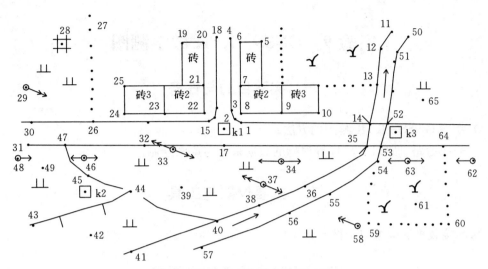

图 2-8-12 绘制外业草图示例

8. 数据下载 "文件"→"导入/导出"→"导出固定格式"文件。在"文件格式"中，选择"逗号定界（*.CSV，*.TXT)"文件类型。然后选择"所有点"，点击"接受"即可，再用 U 盘从全站仪中拷贝导出的文件名，见图 2-8-13 和图 2-8-14。

图 2-8-13 导入/导出命令

图 2-8-14 导出固定格式文件

四、实验记录与计算（略）

五、实验注意事项与思考题

（一）实验注意事项

（1）点击存储后的仪器屏幕上显示的点号不是刚才测量的点号，而是下一个待测点的点号；

（2）按 α 键，可以在数字与字母间切换；按 CTRL 键，可以输入键盘上黄颜色键上的内容。

（二）思考题

全站仪测记法采集坐标数据时，采取什么措施保证外业测量数据合格？

实验 9　GNSS-RTK 数字测图

一、实验目的与任务

（1）掌握 GNSS-RTK 测图的方法；
（2）完成道路、路灯、草坪等地物的数据采集与草图绘制。

二、主要仪器与工具

GNSS 接收机、碳素对中杆等。

三、实验步骤与技术要求

（一）南方 S86 GNSS-RTK 测量系统

南方 GNSS-RTK 测量系统能实时测量点的三维坐标，测量精度高，速度快。主机界面友好，操作简单。RTK 平面精度：$\pm(10\text{ mm}+1\text{ mm/km}\times D)$，RTK 高程精度：$\pm(20\text{ mm}+1\text{ mm/km}\times D)$，其中 D 为基准站与移动站之间的距离，以 km 为单位。配合工程之星软件，可实现点的测量、放样等工作。

南方 GNSS-RTK 主机正反面结构如图 2-9-1 和图 2-9-2 所示。主机既可以设置成基准站，也可以设置成移动站。

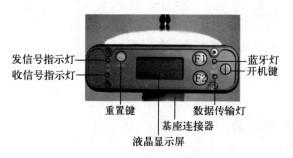

图 2-9-1　S86 GNSS 接收机正面

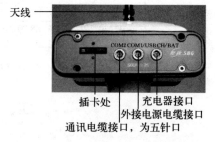

图 2-9-2　S86 GNSS 接收机背面

说明：仪器接口如图 2-9-2 所示，COM2 为电台接口，用来连接基准站外置发射电台，为五针接口。COM1/USB 为数据接口，用来连接电脑传输数据，或者用手簿连接主机时使用。CH/BAT 为主机电池充电接口。

各功能键与指示灯的功能与作用见表 2-9-1。

（二）南方 S86 GNSS-RTK 测图

1. 设置 GNSS 接收机基准站　按电源键开机，立即按 F2 键，光标移到设置工作模式，按确认键（即电源键），再将光标移动到"基准站模式设置"，按确认键后可以更改差分格式

表 2-9-1　各键（或指示灯）的功能与作用

项　目	功　能	作用或状态
①开机键	开关机，确定，修改	开关机，确定修改项目，选择修改内容
F1或F2键	翻页，返回	选择修改项目；返回上级接口
重置键	强制关机	特殊情况下关机键，不影响已采集数据
DATA 灯	数据传输灯	按采集间隔或发射间隔闪烁
BT 灯	蓝牙灯	蓝牙接通时 BT 灯常亮
RX 灯	收信号指示灯	按发射间隔闪烁
TX 灯	发信号指示灯	按发射间隔闪烁

（一般为 RTCM3）。再在设置工作模式或模块工作模式中更改数据链，可选择外置、内置电台或网络模块。本实验选择内置电台模式。再选取通道号，如"8"通道。退出后，按 F1 启动。注意检查基准站的数据是否为自动发射？若基准站右上角显示的是"结束"，表明仪器在自动发射差分信号；若基准站右上角显示的是"开始"，则按 F1，确定，改为自动发射。基准站设置成功后，TX、DATA 灯同时按发射间隔闪烁。

2. 移动站 GNSS 接收机设置　启动设置同上，将移动站数据链选择内置，通道号与基准站设置相同。移动站设置成功后，RX 灯按发射间隔闪烁，DATA 灯在收到差分数据后按发射间隔闪烁。

3. 手簿与移动站接收机配对　当手簿第一次与移动站连接时需配对，下次使用只要还是该移动站则不用再配对。

长按手簿 ENTER 键开机，双击"我的设备"→双击"控制面板"→下拉滚动条，找到蓝牙图标并双击→点"设备"→点"清除"→点"扫描"→找到移动站接收机的编号→点"配对"→点"下一步"，点"Serial Port"→在端口下拉列表中选"COM5"，点"下一步"→点"完成"。再点右上角 ok 图标，最后回到桌面。移动站接收机的编号可以在移动站机身下方找到。

4. 打开工程之星软件　双击桌面图标"EGStar"，进入工程之星 3.0。若桌面上没有图标，按下列操作：点击"我的设备"，选择"Flash Disk"，双击"EGStar"，安装。

工程之星主界面窗口分为六个主菜单栏和状态栏，见图 2-9-3。菜单栏集成所有菜单命令，内容分为六个部分：工程、输入、配置、测量、工具、关于。状态栏显示的是当前移动站接收机点位的测量坐标信息和差分解的状态，及平面和高程精度情况。中间的信号条表示数据链通讯状态，数据链前面的数字 8 表示当前的电台通道。主窗口的右上角电池标志和文件标志代表的是手簿的电池信息和当前的参数信息，点击可以看到详细信息。中间的菜

图 2-9-3　工程之星主界面

单栏分别有子菜单,单击可以呈现出一级子菜单,见表 2-9-2,然后选择子菜单就可以进入所需要的界面。

表 2-9-2 主菜单与一级子菜单

主菜单	一级菜单
工　程	新建工程 \ 打开工程 \ 文件导入和导出 \ 关闭主机
输　入	坐标管理库 \ 道路设计 \ 求转换参数 \ 校正向导
配　置	工程设置 \ 仪器设置 \ 电台设置 \ 端口设置
测　量	点测量 \ 自动测量 \ 点放样 \ 直线放样 \ 道路放样等
工　具	坐标转换 \ 坐标计算 \ 其他计算 \ 数据后处理等
关　于	主机注册 \ 主机信息 \ 软件信息 \ 关于

5. 新建工程 进入工程之星后,点"工程"菜单,点"新建工程",输入工程名称,一般输入当天日期,如20191210。在坐标系统下拉列表中选1980西安坐标系或2000国家大地坐标系,点"确定"。如果下拉列表没有所要的坐标系,点"编辑",点"增加",在"椭球名称"下拉列表中选择工程所用的坐标系统,在"中央子午线:"后输入当地中央子午线经度,如武汉市为114°,在"参数系统名"后输入名称,如2000国家大地坐标系,点"ok",点"确定"。工程建成之后,要改变上述的参数,可以在"配置"→"工程设置"中修改。

6. 端口、电台与工程设置 (1) 端口设置:完成手簿和主机的通讯设置。手簿和主机的通讯设置是通过蓝牙来连接,蓝牙模块已经内置在手簿里。在第3步中,手簿已经与主机配对,此时在"配置"→"端口设置"下拉列表中选"COM5"即可,点击"连接"。蓝牙连通成功后,状态栏有数据,测量视窗右下角显示正确的时间,移动站接收机的 BT 灯长亮。

(2) 电台设置:完成主机电台读取或切换电台的通道,仅对移动站有效。选"配置"→"电台设置",在"当前通道号"右侧点击"读取",即从接收机中读取当前电台的通道;也可在"切换通道号"下拉列表中选与基准站主机同样的通道号,如"8",点"确定"。设置好电台通道后,在主界面中的指示信号强弱的天线前方将出现通道号。

(3) 工程设置:主要是坐标系、天线高、存储、显示设置等。选"工程设置",在"天线高"一栏中选择杆高,根据实际杆高输入1.8(或2)m,将"直接显示实际高程"打钩。在"存储"中,若测量图根控制点坐标时,存储类型选"平滑存储";测量一般碎部点,存储类型为"一般存储"。在"显示"中可以勾选"显示测区范围",此时最少要输入测区边线的3个坐标点。在"其他"中可以更改卫星高度截止角,坐标显示顺序、HRMS/VRMS/PDOP等值,点"确定"。

7. 碎部测量

(1) 输入测区已知控制点坐标:点击 EGStar 软件中"输入"菜单,点"坐标管理库",点"增加",输入测区已知控制点 A1 的点名、X、Y、Z 坐标,编码一栏输入1,在"属性类型"中选"控制点"。同法输 A2,A3 等控制点,点"确定"。

(2) 坐标转换。坐标转换是将测量得到的 WGS-84 坐标系下的原始坐标转换成 2000 国家大地坐标系或 1980 西安坐标系下的坐标。根据测区大小和已知点的数量可以选择"四参数"或"校正向导"转换。本实验测区范围小，选用"校正向导"进行坐标转换。

a. 四参数：点击"测量"菜单，选"点测量"，将对中杆立在已知点 A1 上（或在已知点上安置脚架对中整平），当对中杆气泡居中，手簿上出现固定解状态时按 A 键，输入点名 a1，点 ok。同法测量另一控制点 A2 的原始坐标，输入点名 a2，点 ok。a1、a2 称为 GNSS 原始坐标。

单击"输入" → "求转换参数"，点"增加"，点"控制点已知平面坐标"右边的图标，选取第一个已知点 A1，点"确定"，从坐标管理库中选点，选上步测量的 a1 点的坐标，点"确定"，点"确认"；重复上述步骤，增加 A2 控制点的已知坐标和原始坐标。点"增加"，按提示依次输入 A2 点的已知坐标和原始（测量）坐标，完成后点击"保存"，输入名称，后缀名为 *.cot。点"ok"，单击保存成功右上角的"ok"，单击"应用"，单击"Yes"。

b. 校正向导：点击"输入"菜单。点"校正向导"，选"基准站架在未知点"上，点"下一步"，点击移动站已知平面坐标旁的图标，选取已知控制点 A1，点"确定"。输入天线高 1.8（或 2）m，选取杆高。点"下一步"，对中杆气泡居中后点"校正"。系统会提示是否校正，点"确定"即可。

(3) 数据采集。点击"测量" → "点测量"，见图 2-9-4。首先找一个已知点 A3 做检查，在已知点 A3 上树立碳素杆，气泡居中后，手簿状态栏显示固定解后按快捷键"A"测量当前点坐标，输入天线高杆高 1.8 m，单击"ok"保存。再连续按两次"B"键，查看刚才测量的控制点坐标。与已知点 A3 坐标差平要求在 5 cm 内，否则需要重新校正。合格后就可以开始碎部测量了，碎部点的点号一般用数字标注，下一个点名将自动累加 1。注意手簿中的点号与草图要一致。

在图 2-9-5 的界面中看到高程值为 32.012 m，这里看到的高程为天线相位中心的高

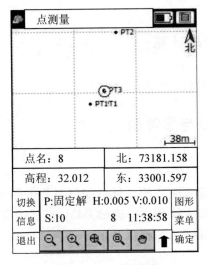

图 2-9-4 点测量

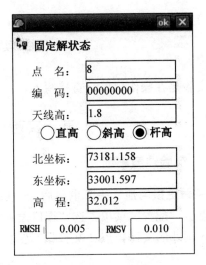

图 2-9-5 点存储

程，当这个点保存到坐标管理库以后软件会自动减去 1.8 m 的天线杆高，打开坐标管理库看到的该点的高程即为测量点的实际高程。

（4）绘制草图。如图 2-9-6 所示，将采集的碎部点的位置关系画在草图上，注意点号要与仪器内存中的点号一一对应，点的属性以及点与点之间的连接关系要注记清楚，便于内业成图。

由于 GNSS 配套手簿输入点号方便快捷，为提高外业测量效率，可以用点名（点号＋自定的简码）代替大部分的草图绘制工作，只需要标注少量的属性数据，既节省了外业绘草图工作量，也便于内业成图。如图 2-9-7 所示，点名 1F2 的含义是："1"为第一个地物；"F"为房屋的首字母（自定的简码）；表示点的属性；"2"表示第二个房角点。1F3（2F1）表示两个房屋共用一个点，熟练后仅用 1F3 表示即可，绘图时用 1F3、2F2、2F3 三点绘制一个矩形房屋。另外可在草图上或用手机（或手机语音）记录地物的属性。

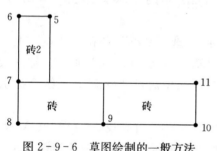

图 2-9-6　草图绘制的一般方法

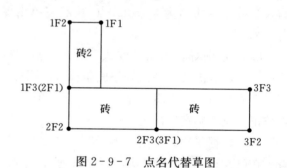

图 2-9-7　点名代替草图

（5）数据格式转换。在工程之星软件中，选取"工程"→"文件导入导出"→"文件导出"。在数据格式里面选择需要输出的格式，如南方 CASS 格式。再单击"测量文件"，选择需要转换的原始数据文件，然后单击"ok"。单击"成果文件"，输入转换后保存文件的名称，单击"ok"。最后单击"导出"。转换后的文件保存在 System CF \ Jobs \ 20191210 \ data 中（20191210 为建立的数据文件名）。再用电缆线将数据传输到电脑中，或用 SD 卡直接拷贝。

四、实验记录与计算

本实验是在操作仪器时直接写入，一般不需要做详细记录。

五、实验注意事项与思考题

（一）实验注意事项

1. 手簿更换电池　手簿重启后，一般会自动进入刚才的文件。如仪器与手簿不能自动连接，点击"配置"菜单，选"端口设置"，在端口下拉列表中选 COM5，点"确定"。若还不能进入刚才的文件，点"文件"，选择"打开文件"，选择刚才的文件名"20191210.eg"打开。

2. 手簿死机现象　此种现象往往不易发现，有两个特点：①测量存储的速度比正常快，没有听到"滴"的一声响,尽管显示是固定解状态;②死机后所有点的坐标和高程不变,所测数据全部作废,要引起高度重视。解决办法:①更换电池时要将仪器与手簿连接;②仪器再移动过程中经常看看点的坐标是否相应发生改变。一旦死机要重启。重启的方法是同时按住 SHIFT+POWER+FN 三个键,或取下电池重新装。

(二) 思考题

用 GNSS-RTK 采集数据时,采取什么措施确保外业测量数据合格?

实验 10 CASS 绘制数字地形图

一、实验目的与任务

（1）掌握运用 CASS 成图软件作图的基本方法；
（2）以 CASS 自带的数据及草图按要求作一幅完整的地形图。

二、主要仪器与工具

AutoCAD、CASS9.0 软件、电脑。

三、实验步骤与技术要求

用 CASS 绘制地形地籍图，数据文件中每一个测量点的信息占一行，格式为：点号，Y，X，Z。若从全站仪或手簿中导出的数据格式不一样，需在 Excel 或 CASS 中将数据格式转换过来。以将 CASS9.0 成图软件安装在 C 盘为例。

（一）定显示区

进入 CASS9.0 后移动鼠标至"绘图处理"项，按左键，然后移至"定显示区"项，如图 2-10-1，按左键，即出现一个对话窗如图 2-10-2 所示。这时，双击"STUDY"文件名，或输入文件路径 C：\ program files \ CASS90 \ DEMO \ STUDY.DAT，再移动鼠标至"打开（o）"处，按左键。这时，命令区显示：

"最小坐标（m）：X＝31056.221，Y＝53097.691

最大坐标（m）：X＝31237.455，Y＝53286.090"

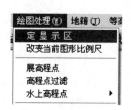

图 2-10-1 "定显示区"菜单

图 2-10-2 输入坐标数据文件名对话框

定显示区的作用一是可以确定绘图区域的大小，另外还可以发现测量数据中是否存在粗差。方法是看命令行显示的最大坐标值与最小坐标值有无异常。

(二)选择测点点号定位成图法

移动鼠标至屏幕右侧菜单区之"坐标定位"下拉菜单中的"点号定位"项,按左键,即出现图 2-10-3 所示的对话框。双击"STUDY"文件名,命令区提示:读点完成!共读入 106 个点。此时右侧菜单区右上角显示的是"点号定位"。如果不是显示"点号定位",而是"坐标定位",则需重新操作一遍,否则下一步实验无法进行。

(三)展点

先移动鼠标至屏幕的顶部菜单"绘图处理"项按左键,这时会弹出一个下拉菜单。再移动鼠标选择"展野外测点点号"项,如图 2-10-4 所示,按左键后,便出现如图 2-10-2 所示的对话框。双击"STUDY"文件名。此时屏幕最下方命令行提示:

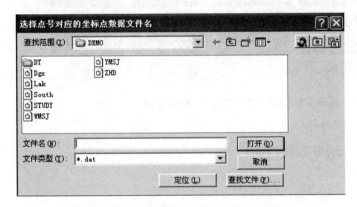
图 2-10-3 选择点号定位数据文件名

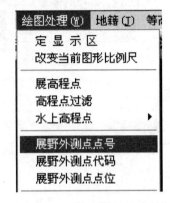
图 2-10-4 选择"展野外测点点号"

"绘图比例尺 1:〈500〉"直接回车,默认比例尺 1:500;若输入 1 000,则绘图比例尺为 1:1 000。此时屏幕上显示出测点的点号和点位。

(四)绘平面图

将左上角放大,选择右侧屏幕菜单的"交通设施"→"城际公路",弹出如图 2-10-5 的界面,双击"平行县道乡道"。CASS7.0 软件选"交通设施"→"平行等外公路"。

命令区提示:请输入点号。将光标移到命令行"请输入点号"右侧,用键盘输入点号"92";

点 P/〈点号〉45,回车;
点 P/〈点号〉46,回车;
点 P/〈点号〉13,回车;
点 P/〈点号〉47,回车;
点 P/〈点号〉48,回车;
点 P/〈点号〉回车(表示道路一边的点号输入结束)。
拟合线〈N〉?输入 Y,回车。
说明:输入 Y,将该边拟合成光滑曲线;输入 N(缺省为 N),不拟合该线。
1. 边点式/2. 边宽式〈1〉:回车(默认 1. 边点式)

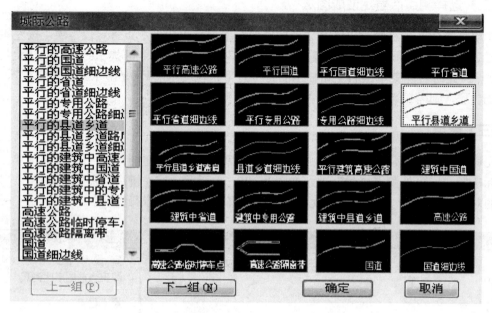

图 2-10-5 选择屏幕菜单"交通设施"/城际公路

对面一点

鼠标定点 P/〈点号〉19，回车，结果见图 2-10-6。

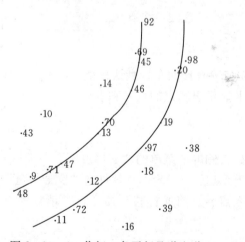

图 2-10-6 作好一条平行县道乡道

画一个多点砼房屋。选择右侧屏幕菜单"居民地"下"一般房屋"项，弹出如图 2-10-7 的界面，双击"多点砼房屋"，这时命令区提示：请输入点号。

将光标移到"请输入点号"右侧，用键盘输入点号"49"；

点 P/〈点号〉50，回车；

曲线 Q/边长交会 B/隔一点 J/微导线 A/回退 U/点 P/〈点号〉51，回车；

曲线 Q//闭合 C/隔一闭合 G 隔一点 J/微导线 A/回退 U/点 P/〈点号〉J，回车；

曲线 Q//闭合 C/隔一闭合 G 隔一点 J/微导线 A/回退 U/点 P/〈点号〉52，回车；

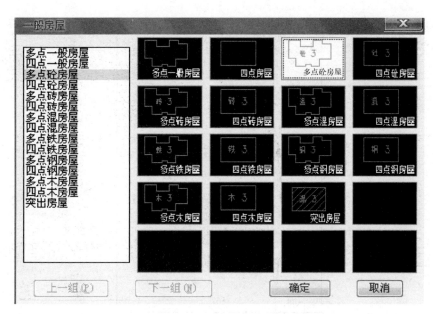

图 2-10-7 选择屏幕菜单"居民地"

曲线 Q//闭合 C/隔一闭合 G 隔一点 J/微导线 A/回退 U/点 P/〈点号〉53，回车；
曲线 Q//闭合 C/隔一闭合 G 隔一点 J/微导线 A/回退 U/点 P/〈点号〉C，回车；
输入层数：〈1〉，回车（默认 1 层）。
再做一个多点砼房，熟悉一下操作过程。
在命令区按两次空格键或两次回车键，可以重复上述画多点砼房操作，也可同上在右侧屏幕菜单中选取"多点砼房屋"符号。
将光标移到"请输入点号"右侧，用键盘输入点号"60"；
点 P/〈点号〉61，回车。
曲线 Q/边长交会 B/隔一点 J/微导线 A/回退 U/点 P/〈点号〉62，回车；
曲线 Q/边长交会 B/隔一点 J/微导线 A/回退 U/点 P/〈点号〉A，回车，
微导线-键盘输入角度（K）/〈指定方向点（只确定平行和垂直方向）〉,用鼠标左键在 62 点上侧一定距离处点一下。
距离〈m〉：4.5，回车。
曲线 Q//闭合 C/隔一闭合 G 隔一点 J/微导线 A/回退 U/点 P/〈点号〉63，回车；
曲线 Q//闭合 C/隔一闭合 G 隔一点 J/微导线 A/回退 U/点 P/〈点号〉J，回车。
鼠标定点 P/〈点号〉64，回车；
曲线 Q//闭合 C/隔一闭合 G 隔一点 J/微导线 A/回退 U/点 P/〈点号〉65，回车；
曲线 Q//闭合 C/隔一闭合 G 隔一点 J/微导线 A/回退 U/点 P/〈点号〉C，回车。
输入层数：〈1〉输入"2"，回车。完成这一步后形成的图如图 2-10-8 所示。
注意：如果一个地物没有绘制完之前发现输入错误，可按 U 键回车撤销；如果绘制完成后发现输入错误，只能删掉该地物后重新绘制。删除方法：左键选中该地物任一边后，按 Delete 键删除。
与以上操作类似，分别利用右侧屏幕菜单绘制其他地物。

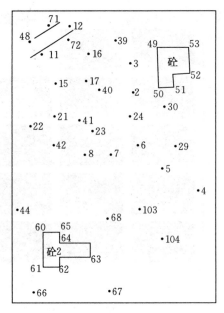

图 2-10-8 "建"好两栋房子

在"居民地"菜单中，用 3、39、16 三点绘制 2 层砖结构的四点房。选择"居民地"→"一般房屋"→"四点砖房屋（砖 3）"，命令行提示：

"**1. 已知三点/ 2. 已知两点及宽度/3. 已知两点及对面一点/4. 已知四点〈1〉：输入'1'**"，即已知三点绘制一栋四点房屋。依据提示依次输入 3、39、6 三个点。

用 66、67、68 点绘制栅栏栏杆；用 76、77、78 三点绘制四点棚房。

在"交通设施"菜单中，用 91、90、89、88、87、86 点绘制拟合的小路；用 103、104、105、106 点绘制拟合的不依比例的乡村路。

在"地貌土质"下"人工地貌"中，用 54、55、56、57 点绘制不拟合的未加固陡坎；用 93、94、95、96 点绘制不拟合的加固陡坎。在"自然地貌"中，用 22、42、8、23、41、21 点绘制不拟合的滑坡范围线。

在"独立地物"下"其他设施"中，用 69、70、71、72、97、98 点分别绘制路灯；路灯要一个个绘制。在"农业设施"中用 59 点绘制不依比例的肥气池，用 24、6、29、28、27、26、30 点绘制饲养场。

在"水系设施"下"水系要素"中，用 73、74 点绘制不依比例水井。

在"管线设施"菜单中，用 75、83、84、85 点绘制地面上的输电线。电力线可不连线，仅绘制电杆及箭头。

在"植被土质"菜单中，用 99、100、101、102 点分别绘制果树独立树；用 58、80、81、82 点绘制菜地（第 82 号点之后仍要求输入点号时，输入 C 后回车），要求边界不拟合，且绘制区域边界；用 25、35、36、37、38 绘制不拟合茶园（保留边界）；用 52、31、32、33、34、96 绘制狭长灌木林。

在"控制点"菜单中，用 1、2、4 点分别生成不埋石图根点，在提问点名、等级时分别输入 D121、D123、D135。注意检查 1、2、4 点旁的高程注记是否压盖图根点符号，若压盖符号,可将高程点注记删除。

地物绘制完成后,需要删除所有的点号。选取"编辑"菜单下的"删除"二级菜单下的"删除实体所在图层",鼠标符号变成了一个小方框,用左键点取任何一个点号的数字注记,所有点号将被删除。

在绘制地物过程中,若绘制完图形后发现漏连了该地物的某个点,这时可以增加一个节点。方法是先在命令行输入字母"Y",根据提示在靠近该点的地物某条边上用鼠标左键点一下,再拖动鼠标到漏连的点上即可。

(五)绘等高线

1. 展绘高程点　用鼠标左键点取"绘图处理"菜单下的"展高程点",将会弹出数据文件的对话框,找到 STUDY.DAT,选择"OK",命令区提示:"注记高程点的距离(米):"直接回车,表示不对高程点注记进行取舍,全部展出来。

2. 建立 DTM　用鼠标左键点取"等高线"菜单下"建立 DTM"选择"用数据文件生成",在"坐标数据文件名"下拉列表中找到"STUDY"文件名,选择"打开",显示建三角网结果,确定。

3. 删三角形顶点　在"等高线"菜单下"删三角形顶点",用鼠标在屏幕上捕捉高程为 500.00 m 的点,此时通过该点的三角形全部删除。一定要记住:在"等高线"菜单下点击"修改结果存盘"项,上述操作才有效。

4. 绘制等高线　用鼠标左键点取"等高线"菜单下的"绘制等高线",弹出对话框显示:

"最小高程为　490.400 m,最大高程为　500.228 m"

"在等高距下面方框中"输入"1",拟合方式选择"三次 B 样条拟合",确定,则系统马上绘制出等高线。再选择"等高线"菜单下的"删三角网"。

5. 等高线的修剪　利用"等高线"菜单下的"等高线修剪"→"切除指定两线间的等高线",依提示依次用鼠标左键选取左上角的道路两边,注意不是选取等高线。CASS9.0 将自动切除等高线穿过道路的部分。再选取"切除指定区域内的等高线",依次选取两栋房屋及一个饲养场的边线。

另外,等高线不能压盖控制点注记、高程点注记和文字注记,等高线与上述注记相交时要断开。在"批量修剪等高线"中整图处理,每次最好整图处理一类注记,例如"高程点注记",否则容易死机。在"等高线注记中"注记计曲线高程为 495 m。修剪后的等高线可见"加图框"图后面的万陈村。

(六)加注记

在左上角平行县道乡道上加"狮山大道"四个字。

首先画出道路的中心线。然后用鼠标左键点取右侧屏幕菜单的"文字注记"→"通用注记"项,弹出如图 2-10-9 的界面。在"注记内容"项中输入"狮山大道",在"注记排列"中选择"屈曲字

图 2-10-9　弹出文字注记对话框

列",在"注记类型"中选择"交通设施",然后点取"确定",命令区提示:"选择线状地物:"

选取刚才绘制的道路中心线,道路注记就完成了,再删掉道路中心线。然后在"特性图标"的"样式"中,将字体改为中等线体。

(七) 加图框

(1) 在"文件"→"CASS参数配置"→"图廓属性"中,依次输入单位名称、坐标系、高程系、图式、日期等项。在附注项内输入"\n测量员:向聚\n绘图员:华隆\n检查员:龚管"。用鼠标左键点击"绘图处理"菜单下的"任意图幅"。在"图名"栏里,输入"万陈村";在"横向""纵向"栏中各输入数字"4",在"左下角坐标"的"东""北"栏内分别输入"53100""31050";选择"取整到十米"项,在"删除图框外实体"栏前打钩,然后按"确认",如图2-10-10。

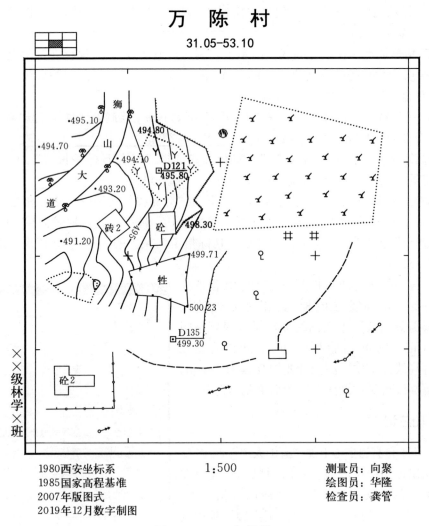

图 2-10-10 加图框

(2) 检查图面,将多余的线划、文字、数字注记一一手工删除。若出现文字、数字以及高程注记压盖地形图符号,可将注记适当移位。

(八) 打印输出

用鼠标左键点取"文件"菜单下的"用绘图仪或打印机出图",进行绘图。选好图纸尺寸、图纸方向之后,用鼠标左键点击"窗选"按钮,用鼠标圈定所绘图形全部范围。将"打印比例"一项选为"1∶1",表示满足 1∶1 000 比例尺的打印要求,若设置为"1∶0.5",表示满足 1∶500 比例尺的打印要求。通过"部分预览"和"全部预览"可以查看出图效果,满意后就可单击"确定"按钮进行打印了。

四、实验记录与计算(略)

五、实验注意事项与思考题

(一) 实验注意事项

(1) 在执行各项命令时,每一步都要注意看下面命令区的提示,当出现"命令:"提示时,要求输入新的命令,出现"选择目标:"提示时,要求选择对象,如要选择整幅图可将图先缩小,再框选。

(2) 当一个命令没执行完时最好不要执行另一个命令,若要强行终止,可按键盘左上角的"Esc"键或点击右键后,再单击退出,直到出现"命令:"提示为止。

(二) 思考题

(1) 思考:加图框时输入的坐标"53100"和"31050",哪一个是 X 坐标?

(2) 绘平行县道乡道时,若道路的一边已经绘好,如何用"边宽式"方法绘另一边?

实验 11　地形图应用

Ⅰ. 地形图的野外判读

一、实验目的与任务

(1) 了解地形图上各种地形要素符号的含义及表示方法；
(2) 建立地形图图式符号与表示对象的联系，加深对地形图的认识；
(3) 掌握地形图上地物和地貌判读的基本方法。

二、主要仪器与工具

罗盘仪 1 个、三角板 1 副、比例尺 1 把、皮尺 1 个、2H 铅笔 1 支、橡皮 1 块、校园内或附近地区大比例尺地形图 1 张。

三、实验步骤与技术要求

（一）室内判读

(1) 了解图名、图号、比例尺、等高距、坐标系统及所表示的地区范围。
(2) 了解图上的各数据、文字、符号的意思。
(3) 看图后，能大概描述图幅的概况，如河流走向、深度与宽度，山的走向、高低及坡度，公路的分布、作物及植被情况、居民点情况等。
(4) 确定野外判读内容及地点和所走路线。

（二）野外判读

1. 图纸定向　在野外利用罗盘仪、直长地物或有方位目标的独立地物使地形图的东南西北与实地的方向一致，各方向线与实地相应的方向线在同一竖直面内，即与实地方向一致。

2. 在地形图上确定站立点的位置　图纸定向后，先观察附近明显的地物、地貌，后在图上寻找相应的景象，然后根据站立者至明显地物点的距离（目估）、方向及地形，比较判定其在图上的位置，亦可用距离交会法、极坐标法、后方交会法确定站立者的位置。

3. 读图　由左到右，由近及远，由点到线，由线到面，将地形图上各种地物符号和等高线与实地上地物、地貌的形状、大小及相互位置关系一一对应起来，判明地形的基本情况。

(1) 水系。了解该地区内河流、湖泊、海洋、水库、沟渠、井泉等的分布，判读水陆界线，搞清河流性质、河段情况等。

(2) 地貌。了解该地区内的地形起伏状况，可根据等高线疏密、高程注记、等高线形态特征来判明地形起伏和地貌类型，具体读出山头、山脊、山谷、山坡、洼地、鞍部等基本地貌。

（3）土质和植被。土质主要是了解地表覆盖层的性质，植被主要是了解地表植被的类型及其分布。

（4）居民地。主要判读居民地类型、形状、人口数量、行政等级、分布密度、分布特点等。

（5）交通网。了解交通路线种类、等级，路面性质、宽度，主要站点等，还有水上交通网、港口和航线情况等。

（6）境界线。了解该图区域内的政治、行政区划情况及主要境界线的种类和性质。

（7）独立地物。独立地物主要有文物古迹、工农业建筑等，可作为判断方位的重要标志。

4. 在实地标定出地形图上某点的位置 在所要标定某点的附近寻找视野开阔的一个高地，持图站在那里，先对照大环境，然后缩小到某点附近的小范围，必要时，到此范围内，根据附近地物、地貌，用比较判定法在实地标定出图上某点的正确位置。

5. 地形图的调绘填图 在图幅范围内的实地，确定持图人在图上的位置，从而使周围的实际景物与图上的形象一一对应起来，进行实地读图。通过比照读图，在对站立点周围地理要素充分认识的基础上，着手调绘填图。调绘填图就是将新增的地物用规定的符号和注记补绘在地形图上，并删除已消失的地物。对地貌改变较大或表示不准确的地方进行修绘。具体地讲，在判读时，如发现实地上有些新的地物（如公路、渠道、居民点等）在图上没有标识，可用铅笔将之绘在图上，或图上有的、实地上已经不存在，可用铅笔将之做个小记号，以便擦除。当地形图陈旧，其上地物、地貌与实际情况相差太大时，应向当地居民作详细调查。

将地面上各种形状的物体填绘到图上，就要确定这些地物形状的特征点在图上的位置，这些特征点统称为碎部点。直接利用地形图来调绘，确定碎部点的图上平面位置应尽量采用比较法，不能准确定位时，可视具体情况采用极坐标法、直角坐标法、距离交会法、前方交会法等。

四、实验记录与计算

在地形图的野外判读作业中，有时需要进行简易测量，如量距、测角、定方位等，做些简单注记是必要的，计算也容易，一般不需要配备专用表格。

五、实验注意事项与思考题

（一）实验注意事项

（1）在野外判读过程中，必须服从指导教师的安排，遵守纪律，爱护花草树木、农作物和各种公共设施，否则应予赔偿；

（2）判读时，应注意图面整洁，除必要的填图外，不得在图上用钢笔乱涂乱改；

（3）在判读过程中，注重安全，谨防发生意外。

（二）思考题

在野外如何利用有方位目标的独立地物或线状地物进行目估定向？

Ⅱ．地形图的室内应用及等高线勾绘

一、实验目的与任务

（1）能熟练地从地形图上获取有关信息，如点的平面坐标、高程、等高距等；
（2）利用地形图进行一定的量算工作，提高用图能力；
（3）掌握等高线勾绘的基本方法。

二、主要仪器与工具

比例尺1把、三角板1副、分规1支、计算器1个。

三、实验步骤与技术要求

（一）地形图的基本应用

如图2－11－1所示地形图，完成下列作业：

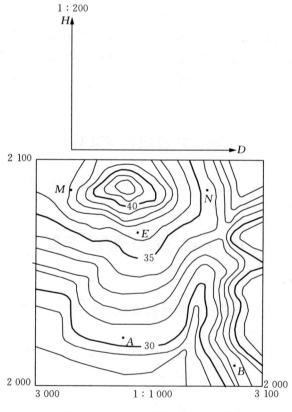

图2－11－1　地形图的基本应用

(1) 沿 M、N 方向绘制一纵断面图，横轴（水平距离）比例尺与地形图一致，纵轴比例尺（高程）为 1：200。

(2) 量算 A、B 两点的坐标，计算 AB 直线的坐标方位角，坐标保留到 0.1 m。

(3) 量算 A、E 两点的高程，计算 AE 连线的平均坡度，距离、高程保留到 0.1 m。

(4) 从 A 点选定一坡度为 8% 的公路至 E 点，求坡度为 8% 的路线经过相邻两等高线间的水平距离 d，在地形图上定出公路路线（直接画在地形图上）。

（二）勾绘汇水面积

为了做好桥梁的设计工作，需要知道通过该桥梁 AB 的雨水面积，如图 2-11-2 所示，请绘出通过桥梁 AB 的汇水面积。

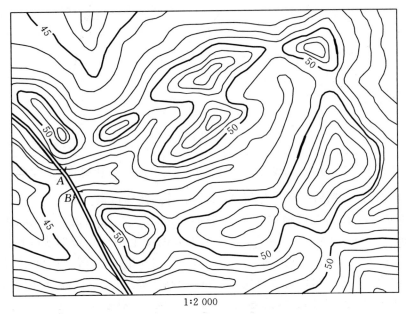

图 2-11-2　勾绘汇水面积

（三）地形图分幅编号

例如，武汉龙王庙位于北纬 30°34′，东经 114°16′，试问：

(1) 按 6° 分带法，该点位于多少带？中央子午线的经度为多少？

(2) 按 3° 分带法，该点位于多少带？中央子午线的经度为多少？

(3) 按新的地形图分幅编号方法，该点所在 1：10 000 比例尺地形图的编号为多少？

（四）勾绘等高线

根据图 2-11-3，用高程内插法（目估）勾绘出 50、51、52、53、54 m 的等高线，基本等高距为 1 m（实线为山脊线，虚线为山谷线）。

目估法勾绘等高线的原理为"平距与高差成正比"，方法是"定两头，中间等分"。以图 2-11-3 左下山脊线为例，单独画出来，见图 2-11-4。首先通过目估法确定 50.0 m 和

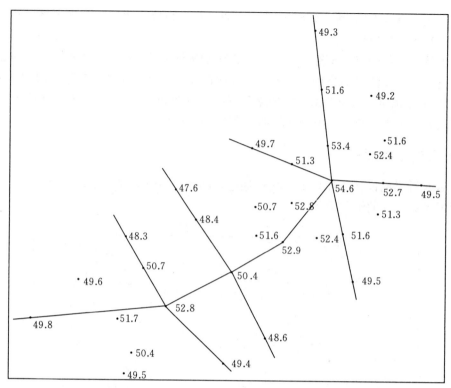

图 2-11-3 勾绘等高线用图（单位：m 等高距为 1 m，比例尺为 1：2 000）

52.0 m 等高线通过点，然后中间平分得到 51.0 m 等高线通过点。

目估法确定 52.0 m 等高线通过点的公式为：$(52.8-52.0)/(52.8-49.8)=x/4.6$，解得 $x=1.2$ cm。4.6 cm 为 49.8 m 与 52.8 m 两点间的图上距离（根据实际情况自己量取），1.2 cm 为 52.0 m 与 52.8 m 之间的距离，从 52.8 m 往左量 1.2 cm 可以确定 52.0 m 等高线通过点，同理根据 49.8 m 可以计算确定 50.0 m 等高线通过点。再将高程相等的相邻点依次首尾相连，并根据山脊线和山谷线的等高线的特点勾绘等高线。

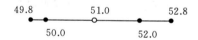

图 2-11-4 目估法求等高线通过点（单位：m）

四、实验注意事项与思考题

（一）实验注意事项

（1）量取坐标时，应取至比例尺最大精度；
（2）勾绘等高线时，线条应圆滑，粗细一致；
（3）计曲线注记时，字头应朝高处。

（二）思考题

绘制纵断面图时，如何选取水平距离和高程的比例尺？

实验 12　土地平整测量外业

一、实验目的与任务

（1）掌握用简便方法在测区内布置方格网的技术；
（2）会用面水准方法测定方格网角点高程；
（3）每组施测面积为 20 m×30 m 的地块，绘制测量草图。

二、主要仪器与工具

DS_3 水准仪 1 套、水准尺 1 根、皮尺 1 个、测钎 2 根、锤子 1 把、木桩 16 个（也可做临时记号）、记录板 1 块、纵断面测量记录表。

三、实验步骤与技术要求

（一）实地布设方格网

在选定的实习场地上，在地块长度方向的一边用标杆定一条基线，在基线上按选定的方格边长打桩，再在打桩处用勾股弦法、等腰三角形法或用直角规（实际上是一个标准的十字架）标定与其基线垂直的断面线，以便布设方格网。方格的边长取决于平整地块的大小、地貌复杂程度和要求的计算精度，边长越短，土方量越精确，但增大了外业、内业的工作量，所以应合理地确定边长。一般选用 5 m 的倍数，本实验方格边长选择 10 m。方格点均打桩作标志，由左至右、从上到下顺序编号，并将桩号写在木桩侧面。布好方格后，在备用白纸上按比例（1/100～1/500）绘制草图，并注明比例尺、磁北方向、方格边长和角点编号等，如图 2-12-1 所示。在实际工作中，还将测区内的重要地物，如道路、电线杆、渠道、水

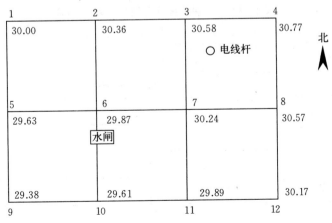

图 2-12-1　土地平整测量外业草图（单位：m）

闸、涵洞等，按所在位置测绘于相应的方格内，以供平整作业时参考。

（二）方格角点地面高程的测定

测量角点地面高程常用面水准测量法，将水准仪安置在某一方格内，能够看到的角点越多越好。如平整地块附近有水准点，最好联测出方格网点的绝对高程，如果没有，习惯把第1点作为假定高程点（可设高程为30.000 m），也是第1个后视点。在水准仪安置处，能够看到的角点越多越好，一个测站测不完时，可设转点继续施测，直到完成所有角点高程的测量。如果时间许可，各角点高程应测2遍，较差在20 mm以内的取其平均值作为最后的角点高程。课间实验时间短，一般只测1遍，但在承担生产任务时必须测2遍，以便检查。

（三）整理外业观测成果，将各角点高程标注在草图上

四、实验记录与计算

将观测数据记录在纵断面测量记录表中，样表见2-12-1，空表见2-12-2。表中"视线高程"＝后视点高程＋后视读数；"转点高程"＝视线高程－前视转点读数；"中间点高程"＝视线高程－中间点标尺读数。

表2-12-1 纵断面测量记录（单位：m）

日期：__2019.11.6__ 天气：__多云__ 仪器型号：__水15__ 组别：__××林学×班×组__

桩号	后视读数	视线高程	前视		高程	备注
			转点	中间点		
1	1.025	31.025			30.000	
2				0.670	30.355	假设1点的高程为30.000 m
3	0.901	31.483	0.443		30.582	
4				0.716	30.767	

表2-12-2 纵断面测量记录（单位：m）

日期：_____ 天气：_____ 仪器型号：_____ 组别：_____

桩号	后视读数	视线高程	前视		高程	备注
			转点	中间点		

(续)

桩号	后视读数	视线高程	前视		高程	备注
			转点	中间点		

五、实验注意事项与思考题

(一) 实验注意事项

(1) 测量角点高程时，标尺应立在木桩的地面上；
(2) 每安置一次水准仪就有一个视线高程；
(3) 有条件时，角点高程应测 2 次，以便比较。

(二) 思考题

在布置方格时，由于直角测定和边长丈量的误差，越到后面的方格边长误差越大，怎样进行适当的边长调整？

实验 13　土地平整土方计算

一、实验目的与任务

（1）熟悉土地平整方格网法土方计算的详细步骤和方法；
（2）掌握土地平整设计高程和挖方、填方的计算；
（3）每人结合外业观测成果，上交一份内业计算实验报告。

二、主要仪器与工具

土方计算用表。根据需要自备计算器及其他用具。

三、实验步骤与技术要求

（一）整理和检查外业观测成果

在内业计算前，应先对外业观测成果进行最后检查。检查项目主要有外业记录手簿和草图，看二者是否一一对应。

（二）计算设计高程 H_m

设计高程 H_m 的确定，根据填挖方大致平衡原则，一般用加权平均值法，就是把各方格点的高程分别乘上该高程在计算土方时所使用的次数（即各角点的权重），求得总和再除以各方格点权数总和，即

$$H_m = \frac{\sum H_i P_i}{4n}$$

式中　H_i——方格点的地面高程；
　　　P_i——方格点的权重；
　　　n——方格个数。

某方格角点与其他方格无关时，其权重为 1，如图 2-13-1 中的 P_1、P_4、P_9 和 P_{12} 都等于 1；某方格角点与另一方格为邻时，其权重为 2，如 P_2、P_3、P_5 等；某方格角点与另两个方格为邻时，其权重为 3（本例没有）；某方格角点为 4 个方格的交点时，其权重为 4，如 P_6 和 P_7。

现根据图 2-13-1 中的地面高程举例计算如下：

$H_m = [1 \times (30.00 + 30.77 + 29.38 + 30.17) + 2 \times (30.36 + 30.58 + 29.63 + 30.57$
　　　$+ 29.61 + 29.89) + 4 \times (29.87 + 30.24)]/(4 \times 6)$
　　　$= 30.09$（m）

设计高程取为 30.09 m。

(三) 计算挖(填)深度

$$挖(填)深度 = 地面高程 - 设计高程$$

"+"号为挖深,"-"号为填高。将各方格点的挖深或填高标于计算草图 2-13-1，看起来一目了然。

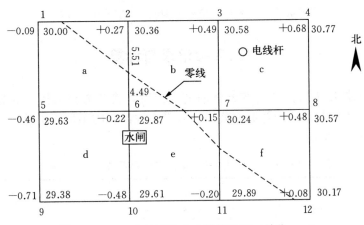

图 2-13-1　土地平整内业计算草图（单位：m）

(四) 绘制挖填分界线

当方格边的一端为挖深，另一端为填高时，其间必有不挖不填的一点，此点称为"挖填零点"，简称为"零点"。把相邻的零点用直线连接起来，称为"零线"，也就是挖填分界线。

计算零点的公式如下：

$$x = dh_1/(h_1 + h_2)$$

式中：x——零点至挖深为 h_1 的方格点的距离；

d——方格边长；

h_1、h_2——方格边两端点的挖深、填高。

以图 2-13-2 中的 2—6 边为例，$x = dh_1/(h_1 + h_2) = 10 \times 0.27/(0.27 + 0.22) = 5.51 \text{ m}$。其他有挖深和填高的边，也用同样方法计算出来，最后用直线将零点依次连接起来，即得挖填分界线，见图 2-13-2。

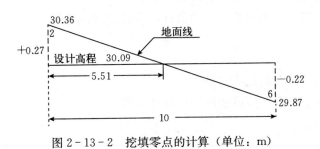

图 2-13-2　挖填零点的计算（单位：m）

（五）计算挖填土方量

从图 2-13-1 可看出，零线将 6 个方格分成 4 个三角形、2 个正方形、4 个五边形。计算挖填土方时应逐格进行，在 1-2-6-5 方格，挖方底面积为 1 个三角形，填方底面积为 1 个五边形，挖方和填方分别为：

挖方 $=7.5 \times 5.51/2 \times (0.27+0+0)/3 = 1.86$（m³）

填方 $=(10 \times 10 - 7.5 \times 5.51/2) \times (0.09+0.46+0.22+0+0)/5 = 12.22$（m³）

四、实验记录与计算

算出各方格的挖填土方，并写在方格的适当位置，将各方格的挖方加起来即为总挖方数，同理将各个填方加起来即为总填方数。最后将土方计算结果填于汇总表（表 2-13-1），空表见表 2-13-2。

表 2-13-1 土地平整挖、填土方计算汇总（单位：m³）

方格编号	a	b	c	d	e	f	合计
挖方	1.86						
填方	12.22						

表 2-13-2 土地平整挖、填土方计算汇总（单位：m³）

方格角号							合计
挖方							
填方							

五、实验注意事项与思考题

（一）实验注意事项

（1）填挖零点的计算应分格进行，以免遗漏；
（2）计算出来的 x 是零点到挖深端点的距离，不可混淆；
（3）每人应上交计算草图和土方计算说明书；
（4）请比较用加权平均值和算术平均值计算设计高程的结果。

（二）思考题

（1）填挖零点的计算有何规律可循？
（2）如果填方大于挖方，应该如何调整设计高程？

实验 14　GNSS‑RTK 土地平整测量与土方计算

一、实验目的与任务

(1) 掌握用 GNSS‑RTK 方法测设方格角点的方法；
(2) 会用 GNSS‑RTK 方法测量方格网角点高程；
(3) 掌握 DTM 法计算土方量的方法；
(4) 每组施测面积为 20 m×30 m 的地块，算出土方量。

二、主要仪器与工具

GNSS‑RTK 测量系统 1 套、南方 CASS 成图软件、电脑。

三、实验步骤与技术要求

当土地平整区域较大时，可以采用 GNSS‑RTK 方法将方格角点的位置放样到实地，然后测量该方格角点的坐标和高程，结合该场地的设计标高，用 CASS 软件中的 DTM 方法计算土方量。

（一）在设计图上量取方格角点的坐标

在进行土地平整之前，一般甲方会组织测量该区域的地形图。首先在 CAD 地形图上找到需要进行土地平整的区域，再在南方 CASS 成图软件中按照 10 m×10 m 方格边长绘制方格网，量取方格角点的坐标，如图 2‑14‑1 所示。

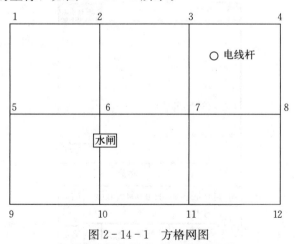

图 2‑14‑1　方格网图

在 CASS 软件中，单击菜单栏"工程应用"→"指定点生成数据文件"。根据提示输入数据文件名，如 20191210.dat，在打开方式下拉框中选"所有文件"，然后按命令栏提示重复以下步骤。

指定点：在屏幕上用鼠标指定需要生成数据的点，在图 2-14-1 中点 1 处点一下。

地物代码：输入该点的地物代码，一般不用输入。

高程〈0.0〉：输入该点的地面高程，不需要输入。

请输入点号〈1〉：输入点号1。

点 1 的坐标就量出来了，同法量取其他点的坐标，所有的坐标会进入 20191210.dat 中，每一个点的信息占一行。格式为：点号,, y, x, H，如 1,, 3162.859, 2190.813, 0.000。

（二）测设方格角点与高程测量

1. 编辑方格角点的坐标格式　为将量取的待测设点的坐标导入 GNSS 接收机手簿内存中，需要编辑方格角点的坐标格式。手簿安装的工程之星软件认可的数据格式为：点号，x，y，H。每一个点的信息占一行，将量取的坐标 x 和 y 的位置互换，点号后去掉一个逗号即可，即：

1, 2190.813, 3162.859, 0.000

2, 2190.813, 3172.859, 0.000

将按上述要求编辑好格式的坐标数据文件 20191210.dat 复制到工程之星 Flash.disk 中，可以用 SD 卡，也可以用数据线，用手簿数据线时需要在电脑上安装 ActiveSync 同步软件。

2. GNSS 的设置　设置 GNSS 接收机基准站和移动站，将手簿与移动站接收机配对，新建工程 20191211，完成端口、电台与工程设置，用"校正向导"或"四参数"进行坐标的转换。具体方法参见实验 9。

3. 方格角点测设与高程测量　进入工程之星软件，单击"测量"→"点放样"→"目标"→"文件"→"导入"，见图 2-14-2，选择 Flash.disk 中坐标数据文件"20191210.dat"→"保存"，"确定"后退出。再点击"目标"，选择待放样的 1 点。放样完成后，退出"点放样"，进入"点测量"，测量 1 点的地面坐标和高程。同法放样其他点并测量其地面坐标和高程。

图 2-14-2　点放样

将手簿中的测量坐标数据下载到电脑中，方法见实验 9，如将测量数据命名为 20191210Q。

（三）DTM 法计算土方量

由 DTM 模型来计算土方量是根据实地测定的地面点坐标 (X, Y, Z) 和设计高程，通过生成三角网来计算每一个三棱锥的填挖方量，最后累计得到指定范围内填方和挖方的土方量，并绘出填挖方分界线。

对大型的土方开挖工程，由于开挖周期较长，在场地开挖尚未达到设计高程时，为了及时掌握土方开挖工程量，预付土方开挖费用，需计算两期间土方量。

1. 根据设计高程计算土方量

(1) 在 CASS 中，选择"绘图处理"→"展野外测点点号"，将测量数据文件 20191210Q 中的方格点坐标展绘出来。再用复合线画出所要计算土方的区域，一定要闭合，但是不要拟合。

(2) 用鼠标点取"工程应用\DTM法土方计算\根据坐标文件"，输入坐标数据文件名 20191210Q。

提示：选择边界线，用鼠标点取刚才所画的闭合复合线，弹出 DTM 土方计算参数设置对话框，对话框中参数如下：

区域面积：该值为复合线围成的多边形的水平投影面积，根据复合线计算。

平场标高：指设计要达到的目标高程，这里输入"30.09"m。

边界采样间隔：边界插值间隔的设定默认值为 20 m，这里输入"10"。

设置好计算参数后屏幕上显示填挖方的提示框，命令行显示：

"挖方量=79.4 m³，填方量=83.0 m³"

2. 计算两期间土方量 两期间土方计算指的是对同一区域进行了两期测量，利用两次观测得到的高程数据建模后叠加，计算出两期之中的区域内土方的变化情况。适用两次观测时该区域都是不规则表面的情况。

两期土方计算之前，要先对该区域分别进行建模，即生成 DTM 模型，并将生成的 DTM 模型保存起来。然后点取"工程应用\DTM法土方计算\计算两期土方量"。

(1) 建立 DTM。左键点击"等高线"→"建立 DTM"，弹出如图 2-14-3 所示对话框，选择建立 DTM 的方式，分为两种：由数据文件生成和由图面高程点生成，一般选择由数据文件生成。如果选由图面高程点生成，则事先需要将高程数据展绘出来。

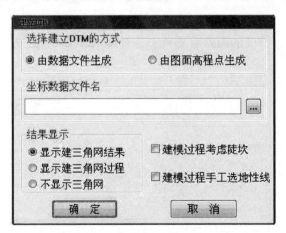

图 2-14-3　建立 DTM 对话框

分别将两期测量数据文件带入建模，生成与测量数据文件同名的三角网文件，例如 20191210Q.sjw，20191210H.sjw，可在桌面上找到。

（2）计算土方量。点击菜单"工程应用"→"DTM法土方计算"→"计算两期间土方"（图2-14-4）。

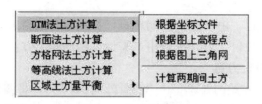

图2-14-4 计算两期间土方

第一期三角网：(1)图面选择 (2)三角网文件〈2〉直接回车，即选择(2)，选取平整前的三角网20191210Q.sjw文件；

第二期三角网：(1)图面选择 (2)三角网文件〈1〉输入2，选择第二期三角网20191210H.sjw文件。

系统会直接计算出填挖方结果。

四、实验记录与计算（略）

五、实验注意事项与思考题

（一）实验注意事项

（1）为了提高DTM法计算土方量的精度，需要加密测量高程点。因此，除了测量方格角点高程外，方格中间地形变化处也需要测量点。

（2）DTM法计算土方量，缺少检核方法，必须确保数据的正确可靠。

（3）量取方格角点的坐标、放样方格角点的位置要准确，才能保证方格地面高程数据正确。

（二）思考题

影响DTM土方计算精度的因素有哪些？怎样提高DTM法土方计算精度？

实验 15　渠道测量

一、实验目的与任务

(一) 目的

(1) 通过本实验使学生掌握渠道测量的基本方法,对渠道测量工作程序有所了解;
(2) 掌握渠道测量的资料整理、纵横断面图的绘制和土方计算方法。

(二) 任务

(1) 选择 100～300 m 长的线路,平面上最好有一大于 20°的转折角;
(2) 对于选定的渠道线路进行纵、横断面水准测量;
(3) 根据纵、横断面外业测量结果绘制纵、横断面图,并按合理的设计坡降、渠首水位及给定的标准横断面设计渠道;
(4) 进行渠道的土方量计算。

二、主要仪器与工具

DS_3 水准仪 1 套、水准尺 1 对、尺垫 1 付、皮尺 1 把、标准十字架 1 个(有则配,没有用目估)、花杆 2 根、锤子 1 个、木桩 8 个、记录板 1 块、纵横断面测量记录表各 1 张。

三、实验步骤与技术要求

(一) 选线测量

就是在地面上选定渠道合理的线路,标定渠道中心线的位置。在实验场地上选长约 100 m 的路线,用皮尺量距,每隔 20 m 打一里程桩,在坡度变化大、方向变化处和需要修建渠系建筑物的地方应增打加桩。渠首起点桩的桩号为 0+000,隔 20 m 打的木桩编号为 0+020,"+"号前的数字为千米数,"+"号后的数字为米数,依次定出其他各桩的桩号,并标注在木桩的一侧。

(二) 纵断面测量

测量渠道中心线上各里程桩和加桩的地面高程,以了解地面变化情况,这一工作称为纵断面测量,通常用水准测量的方法进行。

观测时,选择一适当位置安置水准仪,整平仪器,后视 0+000 点,读取后视读数,附近没有已知水准点时,可将起点桩作为已知高程点,假设高程为 50.000 m,这样即可算出仪器的视线高程。然后照准前视中间点,如 0+020、0+040 等点,读数后即可算出各点高程。由于各桩相距不远,按渠道测量的精度要求,在一个测站上读取后视读数后,只要可视和视线长度许可(最远距离≤150 m),可连续观测若干个前视点。在第一测站,水准仪到某一前视点的距离与到后视点 0+000 的距离接近,就把那个前视点作为第一个转点(TP$_1$),其读数记在前视转点栏中。施测转点时,标尺应放在桩顶或尺垫上,中间点的水准尺可直接放在桩脚地面上。在完成第一测站的观测后,将仪器搬到下一站,后视 TP$_1$,计算测站 2 的仪器视线高程,并依次观测各前视中间点,直到线路终点。若时间许可,再从终点测回到起始点。纵断面水准测量的高差容许闭合差为 $f_{h容}=\pm50\sqrt{L}$,式中 L 为路线长度,以千米计,算出来的 $f_{h容}$ 的单位为毫米;或不超过 $\pm20\text{ mm}\sqrt{n}$,n 为测站数。

(三)横断面测量

每个中心桩都需进行横断面测量。先用直角规(图 2-15-1)或目估方法确定与纵断面垂直的横断面方向。横断面测量是从渠道起点里程桩开始,向左右两侧实测的,一般以渠道前进方向为准,面向下游,左手一边称左横断面,右手一边称右横断面。用皮尺量取左、右各 5~8 m,在两侧各坡度明显变化处立尺,用水准仪后视中心桩,其读数为横断面测量的后视读数,前视其他各立尺点,再用皮尺量取立尺点间距。

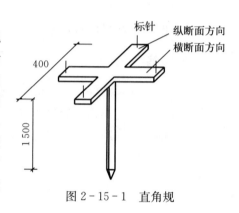

图 2-15-1 直角规

四、实验记录与计算

(一)渠道纵断面测量实验记录与各桩点高程计算

表 2-15-1 中的视线高程、转点高程、中间点高程计算如下:

视线高程=后视点高程+后视读数

转点高程=视线高程-前视转点读数

中间点高程=视线高程-前视中间点读数

将观测数据记录在纵断面测量记录表 2-15-1 中。做到随时观测随时记录,为防止记错,记录员应口头回复观测员的报数。

表 2-15-1　渠道纵断面测量示范记录(单位:m)

日期: 2019.4.6　　天气: 多云　　仪器型号: 水 28　　组别: ××公管×班×组

桩号	后视读数	视线高程	前视 转点	前视 中间点	高程	备注
BM$_1$	1.020	53.453			52.433	
0+000 (TP$_1$)	1.210	54.123	0.540		52.913	渠道附近水准点的高程为 52.433
0+020				1.090	53.033	
0+040				1.060	53.063	

如进行了往返观测，应计算闭合差 f_h。如 f_h 在容许范围内，各桩高程就等于往返测的平均值。若测量误差超限，需要重测。课间实验时间短，一般只往测，各桩点高程就是表中高程一栏的数值。渠道纵断面测量记录空表见表 2-15-2。

表 2-15-2　渠道纵断面测量记录（单位：m）

日期：_____　天气：_____　仪器型号：_____　组别：_____

桩号	后视读数	视线高程	前视		高程	备注
			转点	中间点		

（二）渠道横断面测量记录

根据前面介绍的横断面测量方法，将各观测数据记录在横断面测量记录表（表 2-15-3）中。课间实验记录用表见表 2-15-4。

表 2-15-3　渠道横断面水准测量示范记录（单位：m）

日期：2019.4.6　天气：多云　仪器型号：水28　组别：××公管×班×组

左侧横断面		后视读数	右侧横断面	
前视读数/距离	前视读数/距离	中心桩号	前视读数/距离	前视读数/距离
	1.050/5.0	1.328/0+000	1.123/5.0	
2.405/2.60	2.305/3.0	1.505/0+020	1.205/2.1	2.005/3.0

表 2-15-4 渠道横断面测量记录（单位：m）

日期：_____ 天气：_____ 仪器型号：_____ 组别：_____

左 侧 横 断 面			后视读数 中心桩号	右 侧 横 断 面		
前视读数/距离	前视读数/距离	前视读数/距离		前视读数/距离	前视读数/距离	前视读数/距离

（三）纵、横断面图的绘制

1. 绘制纵断面图 纵断面图一般用毫米方格纸绘制，以水平距离（渠长方向）为横轴，高程为纵轴。为彰显渠道中心线的地势起伏情况，高程比例尺比水平距离比例尺通常大 10～20 倍。

在绘制纵断面图时，以图纸左端作为起点，由左向右绘制。先在方格纸的适当位置画一表格,如图 2-15-2,在横行书写桩号、地面高程、设计渠底高程、挖方深度、填方高度、渠道坡降(也称比降)。先在纵断面图的里程横行内,按比例定出各里程桩和加桩的位置,并标注桩号,再将实测的里程桩和加桩的高程记入地面高程栏内。在表格左上方绘一高程标尺,由于各桩点的地面高程较大,为节省纸张和便于阅读,图上高程尺可不从零开始,但高程标尺应比地面高程适当多绘一段,以方便绘出设计渠底及设计堤顶线(图 2-15-2 中未画出)。然后,按照绘图的比例尺,以各桩号的水平距离为横坐标,以各桩点的高程为纵坐标,逐个绘出各桩点的点位。按次序联结各点,就成纵断面图上的地面线。

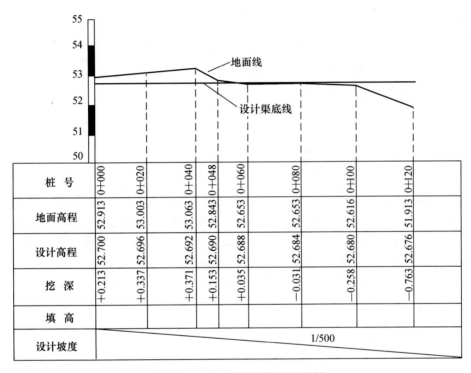

图 2-15-2 渠道纵断面图绘制

当纵断面图上的地面线绘出之后,就可参考地面线的情况,进行设计。首先要确定渠道的坡降及渠首水位。渠道的坡降就是渠道上两点间的高差与水平距离之比,例如某渠道在 100 m 内渠底下降了 0.1 m 的高差,即称这个渠道的坡降为 1/1 000。渠道坡降的选定应根据土质、流量、水深、灌区地形和水源位置的高程等因素综合考虑。应避免坡降过大或过小,因为坡降过大时,渠道易发生冲刷,坡降过小时容易长草及淤积。

确定渠首水位的办法一般是从农渠开始,由下而上逐级推算,直至渠首。有时还需要再从上而下进行调整,以便适应地貌和水源水位,寻求最小的填挖工程量。当水源水位已经确定的情况下,可根据渠首水位和灌区范围的地形,选用适当的渠道比降由上而下进行推算。根据渠首设计高程和渠道设计坡降(也称底坡)绘出设计渠底线。各桩点的设计渠底高程是根据起点(0+000)的设计渠底高程、渠道坡降及离起点的距离计算而得,填入"渠底高程"一行对应点处;各桩点的挖深或填高等于地面高程与渠底高程之差,"+"号为挖深,"-"号为填高,将其填入图中相应位置(图 2-15-2)。

2. 绘制横断面图

（1）绘地面线。绘制横断面的目的是为了计算土方和给施工测设提供依据。根据实际工程要求，确定绘制横断面图的水平和垂直比例尺。为便于计算面积，一般横断面图上水平距离和高差常用相同的比例尺，用 1∶100 或 1∶200。依据横断面测得的各点间的平距和高差，在毫米方格纸上绘出各中线桩的横断面图。绘图时，先标定中线桩的位置，由中线桩开始，按横断面观测记录逐一将中心桩左、右两侧的特征点展绘在图纸上，用细线连接相邻点，即绘出横断面的地面线，见图 2-15-3。

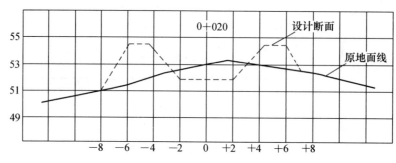

图 2-15-3　渠道横断面图绘制

（2）套绘渠道标准断面图。在横断面图中除绘出地面线外，还应套绘渠道的设计横断面，参见图 2-15-3。设计横断面是由渠道设计确定或由指导教师给出，称标准断面图。桩点挖、填深度由纵断面图中确定。土质渠道的标准断面由指导教师给出。套绘时，先从中心桩向下量取挖深数值（图 2-15-2）或向上量取填高数值，再从渠底中点向左向右各量取渠底宽的一半，以渠底和渠坡交接点绘渠坡线（可用角度，也可用坡比），并延伸到渠顶或稍上一些；再根据渠深画水平线，与渠道内边坡线相交，且延伸至渠堤顶宽外边线，从此点根据填方坡度作渠堤外边坡线，并延伸与横断面地面线相交。地面线与标准断面线所围的面积即为挖方或填方面积。

（3）土方计算。渠道土方计算的方法是将相邻两断面应挖或应填的面积取平均，乘以两断面间的桩距。挖方和填方应分别计算。由此看出，在量算出各断面的挖方面积和填方面积后，就很容易算出渠道的土方量了。表 2-15-5 为渠道土方计算填写方法举例。课间实验记录用表见表 2-15-6。

表 2-15-5　渠道土方计算填写举例

日期：_____　　　计算者：_____　　　校核者：_____

桩号	地面高程 (m)	设计渠底高程 (m)	中心桩		断面面积 (m²)		平均断面面积 (m²)		距离 (m)	土方量 (m³)	
			挖深 (m)	填高 (m)	挖	填	挖	填		挖	填
0+000	52.913	52.700	0.213		3.59						
							4.13		20	82.6	
0+020	53.033	52.696	0.337		4.67						

表 2-15-6 渠道土方计算

日期：_____ 计算者：_____ 校核者：_____

桩号	地面高程 (m)	设计渠底高程 (m)	中心桩		断面面积 (m^2)		平均断面面积 (m^2)		距离 (m)	土方量 (m^3)	
			挖深 (m)	填高 (m)	挖	填	挖	填		挖	填

五、实验注意事项与思考题

（一）注意事项

（1）绘制纵、横断面图时，应注意合理选择高程比例尺和距离比例尺。
（2）渠道中心线在平面上可发生转折。
（3）测量横断面时左右侧不能混淆。
（4）上交实验结果：①渠道纵断面测量记录表；②渠道纵断面图；③渠道横断面测量记录表；④渠道横断面图。⑤渠道土方计算表。

（二）思考题

（1）渠道纵、横断面测量如何进行？
（2）怎样画出纵断面图中的地面线和渠底线？

实验 16　宗地草图的测绘

一、实验目的与任务

（1）掌握界址点的选取与标定方法；
（2）每个小组完成一幅宗地草图的绘制。

二、主要仪器与工具

皮尺、图夹、草图用纸、2H 铅笔、橡皮。

三、实验步骤与技术要求

（一）宗地草图的概念、特点

宗地草图是描述宗地位置、界址点、界址线和相邻宗地关系的现场记录。图形现场绘制、概略比例尺、界址边长实地丈量并注记是宗地的原始描述。

（二）宗地草图的主要内容

（1）本宗地号、坐落地址、权利人；
（2）宗地界址点、界址点号及界址线、宗地内的主要地物；
（3）相邻宗地号、坐落地址、权利人或相邻地物；
（4）界址边长、界址点与邻近地物的相关距离和条件距离；
（5）确定宗地界址点位置、界址边方位所必需的建筑物或构筑物；
（6）丈量者、丈量日期、检查者、检查日期、概略比例尺、指北针。

（三）绘制宗地草图的主要步骤

（1）选择模拟宗地。选择一栋教学楼或者居民住宅楼为模拟宗地。
（2）界址点的选择与标定。界址点的设置应能准确表达界址线的走向，相邻宗地的界址线交叉处应设置界址点。土地权属界线依附于沟、路、渠等线状地物的交叉点应设置界址点，在一条界址线上存在多种界址线类别时，变化处应设置界址点。界址点的点位用小圆圈表示，从左上角按顺时针方向从 1 开始编制界址点号。界址点可用油漆标定。
（3）界址边长丈量。从 1 号界址点开始，使用皮尺或钢尺实地丈量界址边长。解析法测量的界址点，每个界址点至少丈量一条界址点与临近地物的相关距离或条件距离，并按概略比例尺将丈量数据注记在宗地草图的相应位置上。
（4）按概略比例尺绘出宗地内部主要建（构）筑物的基地外轮廓，并注记建筑结构和层数。
（5）按概略比例尺绘出确定宗地界址点位置、界址边方位所必需的其他建（构）筑物。

(6) 标注本宗地的宗地号、权利人名称，绘出本宗地临街示意线、注记街巷名称。

(7) 注记邻宗地号和权利人名称、建筑结构和层数。绘出本宗地与相邻宗地的分宗示意线。

(8) 草图测绘完成后应自行复核，在草图右上角绘制指北针，在草图下方注记概略比例尺，签注丈量者、检查者姓名和丈量日期与检查日期。

图 2-16-1 为一宗地草图示例。

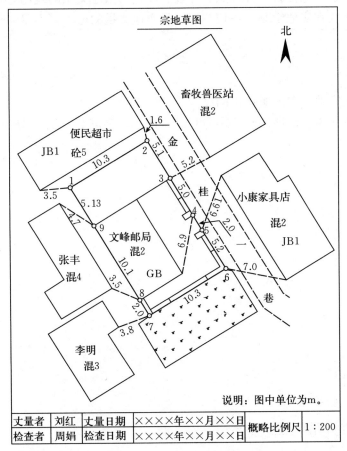

图 2-16-1 宗地草图

四、实验记录与计算

图 2-16-1 为宗地草图实例。绘制宗地草图的格式要求如下：

(1) 界址点的点位用小圆圈表示，从左上角按顺时针方向，从"1"开始编制界址点号。

(2) 界址边为围墙、栅栏等实际地物时，在宗地草图上按规定的地物符号表示；界址边上无实际地物时，用细实线表示；临时用地的界址边用点线或虚线表示。

(3) 宗地草图上的线条、字迹要清晰，数字和文字的字头向北、向西书写，斜线字头垂直斜线书写。注记过密的部位可移位放大绘制。

(4) 宗地编码。第一位表示土地所有权类型，用 G（国有土地所有权）、J（集体土地所有权）表示；第二位表示宗地特征码，用 A（集体土地所有权）、B（地表建设用地使用权）、C（宅基地使用权）等表示。后接宗地号，根据预编宗地号用数字编号。

五、实验注意事项与思考题

（一）实验注意事项

宗地草图是描述宗地位置、界址点、界址线和相邻宗地关系的现场记录，是处理土地权属的原始资料，必须在实地绘制。一切注记应是实地丈量的记录，不得涂改，不得复制，不得事后补记。

（二）思考题

（1）如何确定宗地草图的概略比例尺？

（2）某宗地草图中，宗地编码分别为 GB5、JB12，字母 G、B、J 分别代表什么含义？

实验 17 宗地图的测绘

一、实验目的与任务

（1）掌握解析法测绘宗地图的方法；
（2）掌握宗地图的编绘方法。

二、主要仪器及工具

全站仪 1 台、手扶棱镜 1 个、油漆、铅笔、白纸、宗地草图。

三、实验步骤与技术要求

（一）宗地图的概念、特点和主要内容

宗地图是描述一宗地位置、界址点线与相邻宗地关系等要素的地籍图，是土地证书和宗地档案的附图。

（二）宗地图的内容

（1）宗地所在图幅号、宗地代码；
（2）宗地权利人名称、面积及地类号；
（3）本宗地界址点、界址点号、界址线和界址边长；
（4）宗地内的图斑界线、建筑物、构筑物及宗地外紧靠界址点线的附着物；
（5）邻宗地的宗地号及相邻宗地间的界址分隔线；
（6）相邻宗地权利人、道路、街巷名称；
（7）指北针和比例尺及宗地图的制图者、制图日期、审核者、审核日期等。

（三）宗地图的编制

宗地图是以地籍图为基础，利用地籍数据编制而成。当没有建立基本地籍图的成果资料时，也可按宗地施测宗地图，施测的方法和要求与地籍图是一致的。本次实验任务为施测某单一地块宗地图。

（1）选择模拟宗地。继续选用实验 16 中的区域，以一栋教学楼或者居民住宅楼为模拟宗地，测绘宗地图。
（2）建立地籍图根控制测量导线，测量控制点坐标。具体要求见教学实习。
（3）界址点坐标测量。采用全站仪极坐标法或 GNSS - RTK 法测量界址点坐标。
（4）地形要素测量。界址线依附的地形要素（如地物、地貌）应表示。宗地内的建筑物、构筑物应测绘，并注记建筑结构和层数。相邻宗地与本宗地界址点线相关的建筑物、道路、街巷、地理名称等应测绘和注记。

(5) 邻宗地的宗地权利人、宗地号、地类号及相邻宗地间的界址分隔线。

图 2-17-1 为一宗地图的示例。

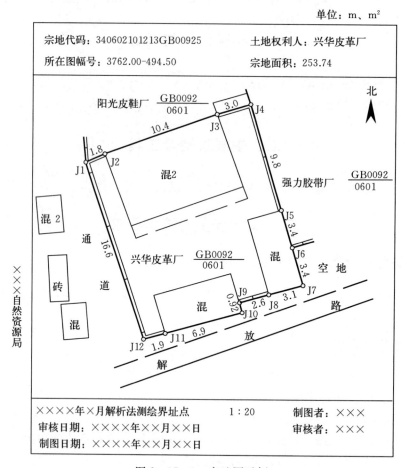

图 2-17-1 宗地图示例

四、实验记录与计算

外业采用全站仪测记法成图。内业根据外业的观测数据绘制数字地籍图，编绘整饰宗地图。

五、实验注意事项与思考题

（一）实验注意事项

（1）解析界址点的编号采用 J1、J2、…表示，无论采用哪种方法测量界址点，都应进行有效检核。有两种检核界址点测量误差的方法：①界址点坐标点位检核；②界址点间距检核。检核结果应符合规范的要求。

（2）宗地代码编制方法。宗地代码采用五层 19 位层次码结构，按层次分别表示县（区）

级行政区划、地籍区、地籍子区、土地权属类型、宗地号组成。

第一层次为县（区）级行政区划，代码为 6 位。

第二层次为地籍区，代码为 3 位，用阿拉伯数字表示，与现有的城镇街道划分代码一致。

第三层次为地籍子区，代码为 3 位，用阿拉伯数字表示，与现有的城镇街道划分代码一致。

第四层次为土地权属类型，代码为 2 位。其中，第一位表示土地所有权类型，用 G（国有土地所有权）、J（集体土地所有权）、Z（土地所有权争议）表示；第二位表示宗地特征码，用 A（集体土地所有权）、B（地表建设用地使用权）、S（地上建设用地使用权）、X（地下建设用地使用权）、C（宅基地使用权）、D［土地（耕地）承包经营权］、E（林地使用权）、F（草原使用权）、W（土地使用权未确定或有争议）、Y（其他土地使用权，用于宗地特征扩展）表示。

第五层为宗地号，代码为 5 位，用 00001—99999 表示，在相应的特征码后顺序编码。

（二）思考题

（1）如何用分幅地籍图编制宗地图？

（2）某宗地代码为 340602101213GB00925，则字母 G、B 分别代表什么？

实验 18　全站仪点位测设

一、实验目的与任务

（1）掌握全站仪测设点位的方法；
（2）掌握建筑物精确测设的基本方法，能够检查测设结果和修正测设误差。

二、主要仪器与工具

全站仪 1 台、手扶棱镜 1 套、棱镜支架 1 副、记录板 1 块、木桩 6 个（或配备油漆少许，地面干燥时也可用粉笔画点）、铁锤 1 把。

三、实验步骤及技术要求

1. 控制测量　在待建建筑物附近选择通视条件良好，易于保存，不受施工干扰的点 K_1、K_2、K_3 作为施工控制点，见图 2-18-1。K_1、K_2、K_3 点的坐标已经通过控制测量的方法精确测得。

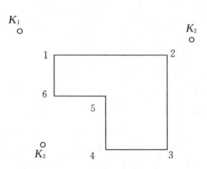

图 2-18-1　建筑物测设示意图

2. 测设数据的准备
（1）在设计图上拾取欲测设建筑物角点 1、2、3、4、5、6 点的坐标（图 2-18-1）。
（2）坐标转换。当设计图与已知控制点未采用同一坐标系时，则需将设计图上获取的测设点坐标转换为测量坐标系，以便完成点的测设。

3. 测设步骤　以天宝 M3 全站仪为例：
（1）将全站仪安置在控制点 K_1 上，对中、整平。
（2）在全站仪上新建任务，如 20191210，键入控制点 K_1、K_2、K_3 以及建筑物角点 1、2、3、4、5、6 点的坐标。设置测站，瞄准 K_2 点完成定向，具体方法见实验 8 中天宝 M3 全站仪测记法测图里的第 1~4 步。
（3）照准 K_3 点测量其坐标，检查测量得到的 K_3 点与已知的 K_3 点的坐标差，在 2 cm

内为合格。

（4）点击"测量"→"放样"→"点"，在弹出界面中点击左下角的"添加"，见图 2-18-2 和图 2-18-3，选择所有键入点，点击"接受"。

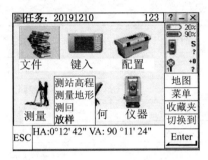 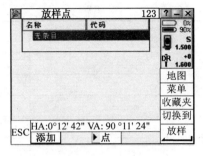

图 2-18-2　进入测设模式　　　　　　图 2-18-3　添加测设点

（5）在测设点中选择需要测设的点名，点击右下角的"测设"。如图 2-18-4 所示，根据屏幕中的箭头方向水平转动全站仪，直到将屏幕上的水平角 HA 转动到与需要水平角度相近的值（或者将屏幕中的水平角变化量转动到趋近于 $0°00'00''$ 的位置）的时候，使用水平微动螺旋转动到需要的角度，表明已经将全站仪镜头照准了测设点所在的方向。

（6）将棱镜放到待测设点的大致位置附近，M3 全站仪就会在棱镜模式下对棱镜进行连续的不间断测量，指挥棱镜左右移动，直至棱镜中心与全站仪十字丝中心重合。此时，根据全站仪显示棱镜位置与待测设点间的偏差，由观测者指挥棱镜前后移动，反复测量直至屏幕右侧几个指向值均为 0 为止，见图 2-18-5。如果需要存储测设点，可以点击屏幕右下角的接受，将测设点以其他点名进行存储。

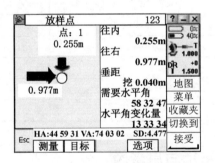 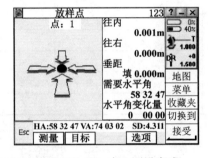

图 2-18-4　测设点 1 的数据　　　　　　图 2-18-5　点 1 测设完成

（7）在地面标注点的位置，若打桩，需在定好木桩后，将棱镜放在木桩上测量，确定测设点在木桩上的位置，并钉钉标识。

（8）重复步骤（5）～（7），将待测设的所有点在地面上标定出来。

4. 精度检查

（1）如图 2-18-1，将仪器分别安置在测设了的建筑物的不相邻的三个点 1、3、5 或 2、4、6 上，分别检查建筑物的角度、边长，并记录。

（2）检查建筑物各测设角度值，角值应在 $90°±40''$ 范围内，检验测设的建筑物边长的相对误差应小于等于 $K_容$，$K_容 = 1/5\,000$。若有角度、边长测设未满足精度要求的，则分别调整角度、边长，直至检验合格。

四、实验记录与计算

表 2-18-1　建筑物测设数据

日期：_____　　　　组别：_____

点名	坐标 X	坐标 Y	备注
K_1			控制点
K_2			控制点
K_3			控制点
1			测设点
2			测设点
3			测设点
4			测设点
5			测设点
6			测设点

表 2-18-2　测设建筑物精度检查记录

日期：_____　组别：_____　观测者：_____　记录者：_____

角度检验		角度调整值 (° ′ ″)	边长检验			边长调整值 (m)
名称	观测角值 (° ′ ″)		名称	观测边长 (m)	相对误差 (m)	

五、实验注意事项与思考题

（一）实验注意事项

（1）准备测设点的数据时应注意控制点和待测设点所在坐标系是否一致；

（2）控制点应避开运输路线，布置在稳定、不易被破坏的地方；

（3）认真检校测设点，确定调整方案。

（二）思考题

（1）布设建筑物测设的控制点时应注意哪些问题？

（2）检验角度和边长时应注意哪些问题？

（3）若测设误差超限如何调整测设点位？

实验 19　全站仪圆曲线测设

一、实验目的与任务

（1）掌握圆曲线主点测设数据的计算方法，能够熟练用盘左盘右取中法测设圆曲线的交点和主点；

（2）掌握偏角法测设圆曲线的方法、步骤和测设数据的计算；

（3）掌握检验测设成果的方法，并能够评定测设精度，调整测设点位；

（4）圆曲线设计半径为 50 m，曲线上每隔 10 m 测设加一桩，按整桩号测设圆曲线。

二、主要仪器与工具

全站仪 1 台、测钎 4 根、钢尺 1 把（实验时可用皮尺代替）、手扶棱镜 1 个、木桩 6 个（天气好可用粉笔画）、铁锤 1 个、小钉 6 根。

三、实验步骤与技术要求

1. 测转折角　选定交点，将仪器安置在两条道路的交点上，测得道路的转折角，或根据实习现场确定线路交点的位置和转折角的大小，也可以根据已知点和测设交点测得转折角，数据填入"实验记录与计算"表格中。

2. 测设数据　根据交点里程（假定为 $K_1+534.56$）、转折角（60°左右）、桩距 10 m、设计半径 50 m，计算测设数据。

（1）圆曲线主点的测设数据填入表"实验记录与计算"表格中。

（2）偏角法测设圆曲线上各里程桩的数据填入"实验记录与计算"表格中。

3. 主点的测设

（1）在 JD 点上安置全站仪，照准曲线起点 ZD_1 方向，用手持棱镜从交点沿道路方向量取切线长 T，在地面上确定 ZY 点，如图 2-19-1 所示。

（2）仪器盘左照准曲线终点 ZD_2 方向，水平度盘置零，用手持棱镜从交点沿道路方向量取切线长 T，在地面上确定 YZ。

（3）顺时针转动仪器至 $\beta = \dfrac{180°-\alpha}{2}$，制动仪器，在此方向上量取外矢距 E，得到 QZ。

（4）精度检查。

A. 角度检查：测量 $\angle YZJDQZ$，比较观测角与 $\beta = \dfrac{180°-\alpha}{2}$ 的大小，若 $>30''$，调整外矢距方向。

B. 距离检验：①用钢尺分别丈量 JD 至 ZY、YZ 的距离，往返测相对较差不大于 1/2 000 时，取其平均值；②将观测值与切线长 T 比较，不符时在线路方向上调整 ZY、YZ 的位置

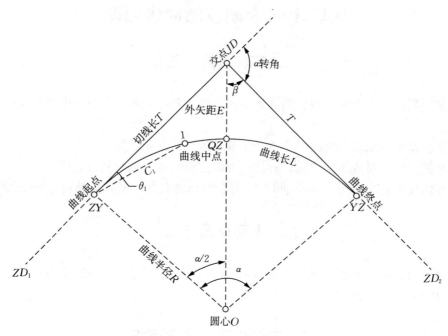

图 2-19-1 圆曲线测设示意

直至正确位置为止;③同理检查并调整 QZ 点。

4. 偏角法测设圆曲线

（1）置全站仪于 ZY 点,盘左时将水平度盘配为 $0°00''00''$,后视 JD。转动照准部,当水平度盘读数为 1 点所对应的偏角附近时,用微动螺旋转动照准部,直到需要的角度;然后由 ZY 点开始沿视线方向用手持棱镜测设弦长 ZY 至点 1 的距离,得 1 点,并打下木桩(或用粉笔、记号笔标记),依次测设到 QZ 点。

（2）同法将全站仪置于 YZ,按逆时针顺序逐一测设其余各点到 QZ 点。

（3）精度检查。圆曲线测设时从 ZY、YZ、JD 分别测设的 QZ 点其误差限差为:

$$-0.1\text{ m} \leqslant 横向误差（顺半径方向）\leqslant 0.1\text{ m}$$

$$纵向误差（切线方向）\leqslant \frac{L}{1\,000}$$

四、实验记录与计算

1. 测量转折角的实验记录与计算（表 2-19-1）
2. 圆曲线主点的测设数据记录（表 2-19-2）
3. 偏角法测设圆曲线上各里程桩的数据记录（表 2-19-3）
4. 点位测设精度检查（表 2-19-4）
5. 角度测设精度检查记录（表 2-19-5）
6. 距离检验记录（表 2-19-6）

表 2-19-1　转折角观测记录

仪器型号：_____　日期：_____　天气：_____　班组：_____
观测者：_____　记录者：_____

测站 （测回）	竖盘 位置	目标	水平度盘读数 (° ′ ″)	半测回角值 (° ′ ″)	一测回角值 (° ′ ″)	各测回 平均角值 (° ′ ″)	备　注
	左						
	右						
	左						
	右						

表 2-19-2　圆曲线主点测设数据（单位：m）

班组：_____　观测者：_____　记录者：_____

转折角		设计半径	
曲线长		切曲差	
切线长		外矢距	
JD 里程		ZY 里程	
YZ 里程		QZ 里程	

表 2-19-3　偏角法测设圆曲线的测设数据记录

班组：_____　观测者：_____　记录者：_____

测站点	置镜点	弦长（m）	测设偏角 (° ′ ″)	备　注
ZY				
YZ				

表 2-19-4 点位测设精度检查

班组：＿＿＿＿＿ 观测者：＿＿＿＿＿ 记录者：＿＿＿＿＿

方向及点名	横向误差（m）	纵向误差（m）	调整值（m）		备 注
			横向	纵向	
从 ZY 测设 QZ					与从 JD 测设的 QZ 点进行比较
从 YZ 测设 QZ					
从 ZY 测设 QZ					
从 YZ 测设 QZ					

表 2-19-5 角度测设精度检验

仪器型号：＿＿＿＿＿ 日　期：＿＿＿＿＿ 天　气：＿＿＿＿＿
班　组：＿＿＿＿＿ 观测者：＿＿＿＿＿ 记录者：＿＿＿＿＿

测站点	目标点	观测角值（° ′ ″）		观测角平均值（° ′ ″）	测设角值（° ′ ″）	调整值（° ′ ″）
ZY		上半测回				
		下半测回				
ZY		上半测回				
		下半测回				
ZY		上半测回				
		下半测回				
ZY		上半测回				
		下半测回				
YZ		上半测回				
		下半测回				
YZ		上半测回				
		下半测回				
YZ		上半测回				
		下半测回				

表 2-19-6　距离测设精度检验（单位：m）

班组：＿＿＿＿＿＿＿＿＿　观测者：＿＿＿＿＿＿＿＿＿　记录者：＿＿＿＿＿＿＿＿＿

检查边		观测值	相对误差	调整值	备注
—	往				
	返				
—	往				
	返				
—	往				
	返				
—	往				
	返				
—	往				
	返				
—	往				
	返				
—	往				
	返				

五、实验注意事项与思考题

（一）实验注意事项

（1）点位测设时打桩后，应再次确定测设点位在桩上的具体位置，并在木桩上做好标记；

（2）偏角法测设圆曲线上的点，量取的距离由于测设的仪器设备不同，起点不同，长度不同，不能混淆；

（3）对测设的点位应认真检查，调整后还要反复检查，直至满足要求。

（二）思考题

在圆曲线测设时，若在测设主点和测设圆曲线上的点位遇到障碍物，应如何调整测设方案？

实验 20　GNSS-RTK 道路纵横断面测量

一、实验目的与任务

（1）掌握 GNSS 测设点位的方法；
（2）掌握道路设计与中线测设的基本方法；
（3）掌握道路纵横断面测设及纵横断面图绘制的方法。

二、主要仪器与工具

GNSS-RTK 1 台套、测钎 12 根。

三、实验步骤及技术要求

（一）GNSS 接收机的设置

设置 GNSS 接收机基准站和移动站，将手簿与移动站接收机配对，新建工程，完成端口、电台与工程设置，用"校正向导"或"四参数"进行坐标转换。具体方法参见实验 9。

（二）道路中线测设

1. 道路设计　道路设计菜单包括两种道路设计模式：元素模式和交点模式。交点模式是目前普遍使用的道路设计方式，只需输入线路曲线交点的坐标以及相应路线的缓曲长、半径、里程等信息，就可以得到要素点、加桩点、线路点的坐标以及直观的图形显示，从而可以方便地进行线路的测设等测量工作。

点击工程之星菜单项"工具"→"道路设计"→"交点模式"，新建交点设计文件，交点模式文件的后缀名为 ip，输入线路名，如 L20191210（图 2-20-1），点"增加"，输入 ZD_1、JD、ZD_2 的坐标（指导老师给定）。只在 JD 对话框半径处输入 50（图 2-20-2），ZD_1、ZD_2 处不需要输入半径。选择计算模式：整桩号，在"间隔"处输入桩距 10 m，且 ZD_1 点里程桩号为 0+000。程序依次自动计算其他交点的里程，保存同时，生成了同名的 *.ROD 文件、数据成果 *.DAT 文件。

2. 道路中线测设　在工程之星软件中选择"测量"→"道路测设"，点击"目标"按钮，通过"打开"按钮，选择刚才设计好的线路文件，见图 2-20-3。选择要测设的点，如果要进行整个线路测设，就按"线路测设"按钮，进入线路测设模式进行测设；如果要对某个标志点或加桩点进行测设，就按"点测设"按钮，进入点测设模式；如果要对某个中心桩的横断面测设，就按"断面测设"。

（三）横断面测设

本次实验设计道路宽 10 m，需测出垂直于道路中线方向左右两侧各 7 m 内地形特征点。

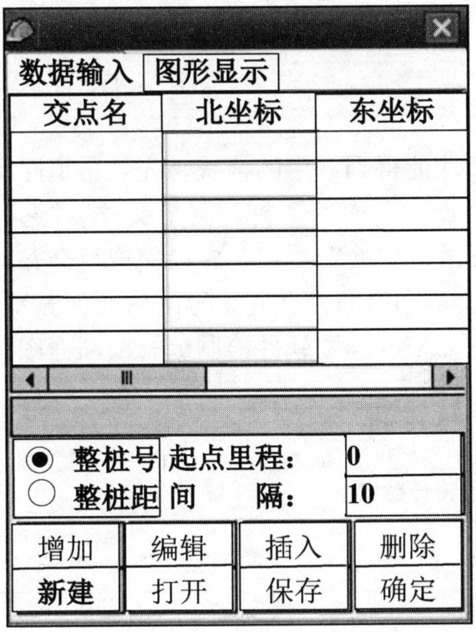

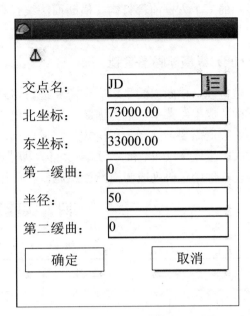

图 2-20-1　道路设计交点模式　　　图 2-20-2　曲线要素输入

在"道路测设-逐桩点库"里选择要测设的横断面上的点，点击"断面测设"按钮。主要参数有垂距和偏距，垂距指的是当前点到横断面法线的距离，偏距是当前点到线路的最近的距离。横断面的点测设完成后，需要在横断面高程变化的地方采集坐标，以便后期绘制横断面图。横断面上的点号应注明桩号及左右，如边桩为 0+000 L，0+000 R。纵断面测量只要保持在线路上测量就可以。

道路测设参数设置：点击图 2-20-3 中"选项"按钮，出现如图 2-20-4 的对话框。

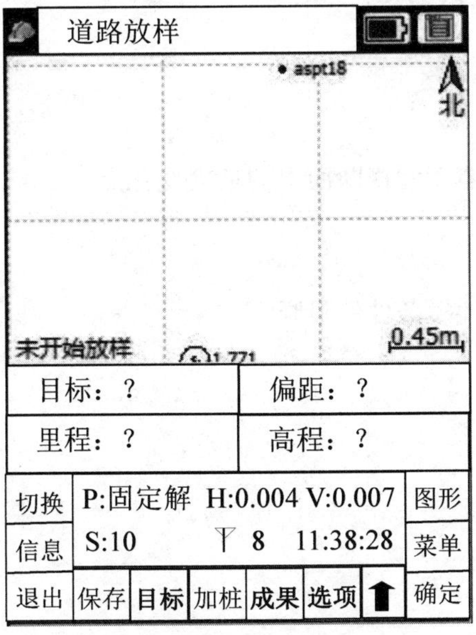

图 2-20-3　道路测设主界面 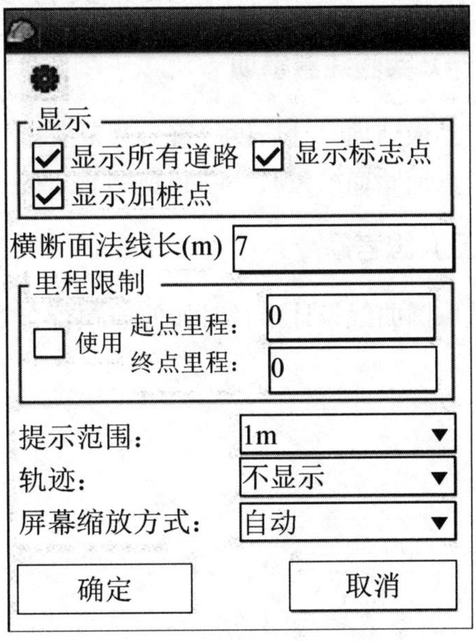　　　图 2-20-4　道路测设参数设置

在显示的三个方框前都打钩,横断面法线长处输入 7,提示范围输入 1 m,当移动站进入待测点半径 1 m 范围内会发出嗡鸣声。

(四)纵横断面图绘制

进行纵、横断面测量之后,需要进行格式转换才能得到常用的格式。先点击道路测设界面下的"成果"菜单,选择横断面成果输出。然后点击上面的"打开测量文件",选择测量文件,根据需要,选择天正格式,完成后点击下面的"转换"按钮。转换完成后会在相应的文件夹下生成 *.hdm 和 *.dmx 文件,即横断面文件和纵断面文件。导出横断面测量数据,将导出文件中编码列改为横断面编码,再应用南方 CASS 绘图软件绘制纵、横断面图。

四、实验记录与计算

表 2-20-1 圆曲线设计数据

点名	坐标 X	坐标 Y	备注
ZD_1			道路起点,里程桩号 0+000
JD			交点
ZD_2			道路终点

0+000 设计高程 (m)	圆曲线设计半径 (m)	曲线加桩(弧长) (m)	中线设计坡度 (°)	横断面设计坡度 (°)
$H=$	$R=$	$L=$	$i_1=$	$i_2=$

五、实验注意事项与思考题

(一)实验注意事项

(1) 横断面设计坡度应符合规范要求;
(2) 横断面测量时,除必须测量边桩外,不能遗漏横断面上的坡度变化点。

(二)思考题

选取圆曲线设计半径时如何兼顾行车安全与地形条件的限制?

教学实习与复习题

Ⅰ. 大比例尺地形图测绘

测量学集中实习是在课堂教学基本结束之后的综合教学环节，它帮助学生巩固、拓展和加深课堂理论知识的学习和应用，着重培养学生独立操作测量仪器、计算和绘图的技能，并对小测区大比例尺地形图的测绘全过程有一个系统的认识和实践。集中实习对提高学生分析和解决实际问题的能力、培养严谨的工作作风和实事求是的科学态度等都有很大帮助。

一、实习目的与任务

（1）用全站仪或 GNSS 接收机采集数据，结合外业绘制的草图测绘数字地形（籍）图，或通过经纬仪测绘法进行地形图测绘。通过地形图或平面图的测绘，可增强测定地面点位的概念，提高用图能力，为今后解决实际工程中有关测量问题打下基础。

（2）掌握大比例尺地形图测绘中图根控制测量的外业工作，包括收集测区资料、踏勘选点、角度测量、距离测量、高差测量等。

（3）掌握内业计算的基本方法。

（4）熟悉地形图成图的全过程及实施要领，对经纬仪测绘法测绘的地形图，需完成原图的清绘整饰。

（5）培养学生的动手能力、组织能力、团结协作能力、严谨的科学态度和工作作风。

（6）每小组必须完成 1 幅 20 cm×30 cm（1 周实习）、30 cm×40 cm（2 周实习）、40 cm×40 cm（3 周实习）的 1∶500 或 1∶1 000 的地形图测绘。其他配套项目按不同时间和不同专业由指导教师指定。

二、实习组织与时间安排

实习成果的获得需要小组的协作配合，实习中学生应注重培养和提高自己的团队意识，不怕艰苦不怕累，加强组织纪律性，力争取得优异实习成绩，为后续相关课程的学习打下良好基础。

（一）实习组织

（1）实习地点为主讲教师统一安排或实习指导教师指定的实习区域。实习场地应选在校园内地物类别较多，地形稍有起伏，通视条件较好，人员、车辆来往较少的地方，且离学生宿舍区或离测绘实验室较近的地方。

(2) 主讲教师负责实习班级之间的协调工作，每个自然班应有1名指导教师。在测量实验之前，应复习教材中的有关内容，认真仔细地预习实验指导书，明确目的与要求，熟悉实验步骤，注意有关事项，并准备好所需文具用品，以保证按时完成实验任务。

(3) 独立实习单元为实习小组。每小组5～6人，推选组长一名，负责组内的实习分工和仪器管理工作，并按照指导老师的要求对组员进行考勤管理。组员在组长的统一安排下，分工协作，同心协力完成实习任务。分工时，应使每项工作都由组员轮流担任，不要单纯追求进度。同时，学生班长和学习委员负责协调各组之间并配合指导教师协调各班级之间的实习工作。

(4) 各校根据具体情况，可结合生产任务在校内、校外实习，也可在学校的实习基地内进行模拟实习。有关实习操作应轮流进行，使每个人都得到练习的机会。

(二) 实习时间

教学实习的时间，根据不同学校、不同专业的安排，一般有1周、2周和3周，个别学校多至4周。本实习指导以实习项目为基础，地形图的测绘是主要项目，其他的项目可根据实习时间的长短加以选择。根据地形图测绘的任务要求及基本实习内容，大致时间安排见表3-1和表3-2。

表3-1　1周实习安排

实习时间	上　午	下　午	备　注
第1天	集中讲解；借领仪器；踏勘选点；开始水平角测量	继续水平角测量；距离测量	角度、距离测完的小组晚上计算坐标
第2天	高差测量与高程计算；计算坐标	绘制坐标格网，展绘控制点，教师现场示范地形测图的方法	
第3、4天	碎部测量		晚上进行简单清绘
第5天	集中讲解地形图的清绘、整饰方法；学生进行地形图的清绘、整饰，整理上交测绘资料，撰写实习报告		没有测完碎部的，在听完老师集中讲解后可继续测碎部

表3-2　2周实习安排

实习时间	上　午	下　午	备　注
第1天	集中讲解；借领仪器；测区踏勘选点	水平角测量；测量连接角	
第2天	继续水平角测量；开始距离测量（用全站仪或测距仪）	角度、距离测量；高程控制测量	角度、距离测完的小组晚上计算坐标
第3天	完成角度、距离测量及高程控制测量；绘制坐标格网	控制点展绘；教师现场示范碎部测图方法	数字测图的小组下午可进行外业测图

(续)

实习时间	上 午	下 午	备 注
第4~6天	碎部测量		数字测图的小组晚上上机绘图
第7天	集中讲解地形图的清绘、整饰方法；学生进行地形图的清绘、整饰，整理上交测绘资料；数字测图的小组继续画图，完成地形图的整饰		没有测完碎部的，在听完老师集中讲解后可继续测碎部
第8天	完成全部测图任务；撰写实习报告；提交测图阶段的全部成果		清理和归还测图阶段的仪器和工具
第9天	集中讲解后2天的实习项目；借领仪器和工具；现场勘察	项目实施	应根据专业选定项目，如土地资源管理专业可选宗地图的测绘
第10天	继续外业工作	完成内业；提交成果	实习总结

集中实习为3周的，实习进度可参照2周的实习安排，分别将第一阶段和第二阶段的时间加长，内容增多，灵活掌握。

(三) 注意事项

(1) 仪器使用与爱护。除了参照测量须知外，集中实习还应注意以下几点：①每次出发前及收工时均应清点仪器和工具。由组长指定专人保管和负责清点，发现问题应及时报告指导教师。②实习中如发现仪器有故障，应立即报告辅导教师，不准自行拆卸。损坏或丢失测量仪器及工具应按规定承担赔偿责任。③按时领用、交还仪器，并遵守实验室的"测量仪器借用规则"，很好地履行仪器和工具的借还手续。

(2) 实习前要做好准备，随着实习进度阅读教材的有关章节。

(3) 每一项测量工作完成后，要及时计算、整理成果。各种记录手簿的检查和计算必须当天在现场完成。原始数据、草图及原始资料、成果应该妥善保管，不得丢失。

(4) 遵守作息制度，有事须向辅导教师请假。实习期间的晚自习应当整理当天测量的资料并进行内业计算和检查。

(5) 小组长要做好安排，主要的工序争取每人都有同等的练习机会，不要单纯追求进度。另外，注重构建和谐的实习环境，确保实习任务的顺利完成。

(6) 严格遵守实习纪律。病假需有医生证明；事假应经指导教师批准，不得私自外出；爱护花木、农作物和公共财产；注意饮食和环境卫生。

三、主要仪器与工具

各组组长对照实验室开列的清单来领取仪器设备。领取前，认真清点，确保无遗漏现象，并在清单上签名确认。如实习地点离测绘实验室较远，领取仪器后，最好在实验室附近将经纬仪、全站仪、GNSS接收机、水准仪等架立起来试操作一下，看看电子仪器的电池是否有电，脚架与仪器是否配套，以及仪器其他方面有没有问题，如果有，马上就可更换，以节约时间。

在集中实习阶段，每个实习小组应配备以下测量仪器和工具：全站仪、GNSS接收机或DJ_6经纬仪1台，DS_3水准仪1台，双面水准尺1对，尺垫2个，测角用的三脚架2个，皮尺1把，2m钢卷尺1个，绘图板1块，记录板1块，计算器1个（可自备），比例尺1根，量角器1个，三角板1副，聚酯薄膜绘图纸1张，2H、4H铅笔，橡皮，自备《测量学实验指导》1本。此外，有条件的还应配备全站仪或测距仪，以解决距离的精密测量问题。

四、实习步骤与要求

（一）经纬仪测绘法测图

1. 图根平面控制测量 了解测区地形并在测区内踏勘、选点，尽量利用测区附近的已知点布设闭合导线或附合导线；没有合适的已知点联测时，可假定一点坐标并用罗盘仪测定一边的磁方位角作为起算数据。

（1）踏勘选点。每小组在指定测区进行踏勘，了解地形条件，确定导线的布置形式。根据测区范围、测图要求及已有控制点分布情况进行选点。图根点选定后，在实地打下木桩，桩顶钉一小钉表示点位（或在地面做上标志）并编号。编号可用四位数，如1班4组选的第5号点，可编号为1405。图根点的密度，应尽量覆盖整个测区，便于碎部测量。

要求： 导线全长不超过1 000 m，平均边长不超过150 m。相邻导线边长应大致相等，避免出现长短相差悬殊的组合。

注意： 图根控制点的位置应选在土质坚实、便于长期保存、安置仪器方便、通视良好、视线开阔、便于施测碎部的地方。

（2）水平角观测。导线转折角（闭合导线测内角，附合导线测左角）采用测回法观测一个测回（1周实习）和观测2个测回（2、3周实习）。

要求： 上、下半测回水平角值之差$\leqslant \pm 36''$，导线角度闭合差$f_{\beta容} = \pm 40''\sqrt{n}$，$n$为导线观测角数。

注意： 根据观测数据进行记录、计算时，不得使用计算器，手簿用铅笔填写，内容完整，观测值的秒数不能划改。

（3）边长测量。每段距离用全站仪单向施测一测回取两次读数平均值。如果用钢尺丈量，则要用检定过的钢尺，往、返丈量导线各边边长取平均值。只有1周实习时间，且无电子量距设备的，可用皮尺丈量。

要求： 用全站仪测边长各边一测回两次读数之差$\leqslant 10$ mm；用钢尺丈量边长往返测相对误差$\leqslant 1/3 000$；用皮尺丈量边长往返测相对误差$\leqslant 1/1 000$。

注意： 仪器达到正常稳定的工作状态以后才能进行观测，测距视线应高出地面一定距离，离开障碍物在1.3 m以上。

（4）连接测量。当测区内无已知点时，应尽可能找到测区外的已知点，并与本测区所设图根控制点进行连测，这样可使各组布设的导线纳入统一的坐标系统。

当测区内及附近无已知点时，导线作为独立地区的平面控制，可用罗盘仪测定一条边的磁方位角，并假定一点的坐标，以此作为起算数据。

（5）导线内业计算。根据已知坐标数据和观测数据进行闭合导线或附合导线的成果计算，推算各导线点的平面直角坐标。

计算步骤：①角度闭合差的计算与调整；②推算导线各边的坐标方位角；③坐标增量的计算及坐标增量闭合差分配；④导线点坐标的计算。计算方法和过程参见实验6。

要求：导线角度闭合差 $f_{\beta容} = \pm 40''\sqrt{n}$，$n$ 为导线观测角数。导线全长相对闭合差 $K \leqslant 1/2\,000$。

注意：内业计算中，角度取至秒，边长、坐标取至厘米。

2. 高程控制测量 在踏勘选点的同时，布设高程控制网，一般情况下，图根高程控制采用导线点作为高程控制点，构成闭合水准路线或附合水准路线。图根点的高程控制，平坦地区采用四等水准观测程序进行；丘陵地区采用电磁波测距三角高程测量。校内实习一般都采用四等水准测量方法。

（1）水准测量。用 DS_3 水准仪和水准尺按四等水准测量的要求进行施测，参见实验2。

要求：前后视距差≤3 m，前后视距累计差≤10 m，视线离地面最低高度≥0.2 m，红黑面读数差≤±3 mm，红黑面所测高差之差≤±5 mm，路线高差闭合差≤±20$\sqrt{L}$ mm（或±6$\sqrt{n}$ mm）。L 为路线长度，单位为千米；n 为测站数。

注意：测站数应为偶数。仪器未搬站时，后视点尺垫不能移动；仪器搬站时，前视点尺垫不能移动。记录时，记录员要复诵。每次观测结束，记录员应在现场立即计算检核。

（2）电磁波测距三角高程测量。用全站仪中丝法观测竖直角一测回，每边对向观测。边长单向施测一测回。

要求：指标差较差≤36″，竖直角较差≤36″，同一边往、返测高差之差≤±60$\sqrt{D}$ mm，路线高差闭合差≤±40$\sqrt{\sum D}$ mm（D 为测边水平距离，单位为千米）。

注意：仪器高、觇标高取至毫米。三角高程测量均需采用对向观测。

（3）高程计算。对路线闭合差进行配赋后，根据已知点的高程推算出各图根点的高程。

要求：按与路线长度或测站数成正比的原则对闭合差进行配赋，$\sum v = -f_h$。路线高差闭合差 $f_h \leqslant \pm 20\sqrt{L}$ mm（或 $\pm 6\sqrt{n}$ mm）。L 为路线长度，单位为千米；n 为测站数。

注意：适当调整配赋值的凑整误差，保证推算出来的已知点高程和已知点的已知高程相等。高程取至毫米。

3. 碎部测量 将控制点、图根点的平面坐标和高程抄录在成果表上，同时做好测图前的准备工作。在各控制点、图根点设站测定碎部点，同时描绘地物和地貌。

（1）准备工作。将控制点、图根点展绘到已有坐标方格网的聚酯薄膜图纸上。展点方法是：首先根据控制点和图廓点的坐标确定其所在方格；然后以该点的坐标值减去所在方格西南角的坐标值，得出纵横坐标差；再按测图比例尺分别于方格的两对边上截取（用三棱尺）相应的长度，并标定相应的点位；最后连接对应点所得交点就是被展绘的控制点在图上的位置，并在点的右侧以分数形式注明点号及高程（分子为点号，分母为高程）。

要求：控制点间的图上长度与坐标反算长度之差≤图上0.3 mm。

注意：展点时图纸应固定在水平、光滑的图板上，展点后要对这些展好的点多作检查。高程注记到毫米。

（2）地形测图。一般采用经纬仪测绘法，根据视距测量原理，通过测量并计算出立尺点（地形特征点）与测站点间的水平距离和高差，按极坐标法将各立尺点展绘到图纸上并注明高程。实施步骤为：①安置经纬仪和图板；②定向；③立尺；④观测；⑤计算；⑥展绘碎部点;⑦测站检查。具体方法与过程参见实验 7。

要求:

A. 经纬仪测图对中误差≤5 mm,归零差≤4′。

B. 为保证测绘地形点的精度及全面、准确、真实地确定出地物和等高线在图上的位置,地形点间距和视距长度应满足表 3-3 的规定。

表 3-3 地形点间距和视距长度

比例尺	地形点间距 (m)	视距长度 (m)	
		地物	地形点
1∶500	15	60	100
1∶1 000	30	100	150

C. 碎部点(地物和地貌的特征点)的选取原则:地物取其外形轮廓的转折点,地貌取其地性线上的坡度变化点。图上碎部点间距≤3 cm。

D. 凡建筑物轮廓线的凹凸长度在图上>0.4 mm 都要表示出来。

E. 等高距:一般 1∶500 地形图等高距取 0.5 m;1∶1 000 地形图等高距取 1 m。

F. 绘图时,应遵守《1∶500、1∶1 000、1∶2 000 比例尺地形图图式》中的有关规定。

注意:①仪器高和觇标高至少应量至厘米;②每测 20~30 个点要作归零检查;③测图时,司尺者应与观测者协商好准备施测的区域及选择特征点的立尺路线,先测地物后测地貌,先测简单的后测复杂的,由近到远,所有地物和地貌的有效特征点都应立尺观测;④展绘碎部点时,要做到随测随算随绘,所有地物、地貌都要在测站上现场绘制完成;⑤高程注记至厘米,记在测点右边,字头朝北。

(3) 测站点的加密。为了保证测图精度,测区内解析图根点应具有一定的密度,如原有的图根点不能满足测图的需要时,应加密测站点。方法是:选好加密测站点(也称"零时测站"),在检查零方向以后,同测碎部点一样确定加密测站点的点位。但控制点到加密点之间的距离最好用皮尺丈量,不便丈量时,用盘左盘右往返对向观测取平均值作为展点距离。加密测站点的高程也用一测回对向观测确定。

(4) 地形图的拼接、检查、清绘与整饰。

A. 拼接:对于使用统一坐标系的实习小组,为便于接图和对地物及等高线进行必要的修正,每幅地形图应测出图幅 0.5~1.0 cm,并与相邻图幅进行接边,在允许的误差范围内,按每幅图改正一半的原则进行拼接。

B. 检查:每一幅地形图测完后,每个小组必须对地形图进行严格的图面检查、野外巡查和设站检查。

图面检查:查看图面上的接边、连线、符号和名称注记等是否正确,等高线的走向与特征点高程有无矛盾。发现问题做好记录,便于野外检查时核对。

野外巡查:在现场对照地形图全面核对,检查地物、地貌是否遗漏;等高线的形状、走向是否正确;图上地物形状与位置是否与实地一致等。若发现问题,应设站检查或补测。

设站检查:采用散点法或断面法进行检查,即对部分主要地物和地貌进行重测,发现个别问题,当场修正。

C. 清绘整饰:按照大比例尺地形图图式规定的符号,用铅笔对原图进行整饰,整饰的一般顺序为:内图廓线、控制点、独立地物、主要地物、次要地物、高程注记、等高线、植被、名称注记、外图廓线及图廓外注记等。要求达到真实、准确、清晰、美观。在图廓线外正上方写明测区名称和图幅号,正下方写明测图比例尺;在图廓线外右下方写明测图班组成员姓名及测图日期等。

要求:明显地物位置偏差在图上<2 mm,不明显地物位置偏差在图上<3 mm。同一等高线的平面位置误差:在平原地区<1倍相邻等高线平距,在山地<2倍相邻等高线平距。

注意:拼接时要按图廓格网线逐格进行。在计曲线上注记的高程时,字头应指向斜坡升高的方向。

(二) 数字测图

数字测图的外业见实验8和实验9,内业成图见实验10。集中实习阶段测区较大,地物较多,地貌形态复杂。测绘内容应包括定位基准、水系、居民地及设施、交通、管线、境界、地貌、植被与土质、注记等要素,并应着重表示与城市规划、建设有关的各项要素。

1. 定位基础 应测绘其平面的几何中心位置,并应表示类型、等级和点名。

2. 水系 江、河、湖、水库、池塘、沟渠、泉、井及其他水利设施应测绘及表示,有名称的应注记名称,并可根据需要测注水深,也可用等深线或水下等高线表示。

河流、溪流、湖泊、水库等水涯线,宜按测绘时的水位测定。当水涯线与陡坎线在图上投影距离小于1 mm时,水涯线可不表示。图上宽度小于0.5 mm的河流、图上宽度小于1 mm或1:2 000图上宽度小于0.5 mm的沟渠,宜用单线表示。

应根据需求测注水位高程及施测日期;水渠应测注渠顶边和渠底高程;堤、坝应测注顶部及坡脚高程;池塘应测注塘顶边及塘底高程;泉、井应测注泉的出水口与井台高程,并应根据需求测注井台至水面的深度。

3. 居民地及设施 居民地的各类建(构)筑物及主要附属设施应准确测绘外围轮廓和如实反映建筑结构特征。房屋的轮廓应以墙基外角为准,并应按建筑材料和性质分类并注记层数。1:500、1:1 000房屋应逐个表示,临时性房屋可舍去;建筑物和围墙轮廓凸凹在图上小于0.4 mm、简单房屋小0.6 mm时,可舍去。

工矿及设施应在图上准确表示其位置、形状和性质特征;依比例尺表示的,应测定其外部轮廓,并应按图式配置符号或注记;不依比例尺表示的,应测定其定位点或定位线,并用不依比例尺符号表示。

垣栅的测绘应类别清楚,取舍得当。城墙按城基轮廓依比例尺表示时,城楼、城门、豁口均应测定,围墙、栅栏、栏杆等可根据其永久性、规整性、重要性等综合取舍。

4. 交通 应反映道路的类别和等级及附属设施的结构和关系;应正确处理道路的相交关系及与其他要素的关系。公路与其他双线道路在图上均应按实宽依比例尺表示,并应在图上每隔150~200 mm注出公路技术等级代码及其行政等级代码和编号,有名称的应加注名称。公路、街道宜按其铺面材料分别以砼、沥、砾、石、砖、碴、土等注记于图中路面上,铺面材料改变处,应用地类界符号分开。

城市道路为立体交叉或高架道路时，应测绘桥位、匝道与绿地等；多层交叉重叠，下层被上层遮住的部分可不绘，桥墩或立柱应根据用图需求表示。

路堤、路堑应按实地宽度绘出边界，并应在其坡顶、坡脚适当测注高程。

道路通过居民地应按真实位置绘出且不宜中断；市区街道应将车行道、过街天桥、过街地道的出入口、分隔带、环岛、街心花园、人行道与绿化带等绘出。

5. 管线 永久性的电力线、电信线均应准确表示，电杆、铁塔位置应测定。当多种线路在同一杆架上时，可仅表示主要的。各种线路应做到线类分明，走向连贯。

架空的、地面上的、有管堤的管道均应测定，并应分别用相应符号表示，注记传输物质的名称。当架空管道直线部分的支架密集时，可适当取舍。地下管线检修井宜测绘表示。

6. 地貌 应正确表示地貌的形态、类别和分布特征。自然形态的地貌宜用等高线表示，崩塌残蚀地貌、坡、坎和其他特殊地貌应用相应符号或用等高线配合符号表示。城市建筑区和不便于绘等高线的地方，可不绘等高线。

各种自然形成和人工修筑的坡、坎，其坡度在70°以上时应以陡坎符号表示，70°以下时应以斜坡符号表示；在图上投影宽度小于2 mm的斜坡，应以陡坎符号表示；当坡、坎比高小于1/2基本等高距或在图上长度小于5 mm时，可不表示；坡、坎密集时，可适当取舍。

梯田坎坡顶及坡脚宽度在图上大于2 mm时，应测定坡脚；测制1∶2 000数字线画图时，若两坎间距在图上小于5 mm，可适当取舍；梯田坎比较缓且范围较大时，也可用等高线表示。

坡度在70°以下的石山和天然斜坡，可用等高线或用等高线配合符号表示；独立石、土堆、坑穴、陡坎、斜坡、梯田坎、露岩地等应注记上下方高程，也可测注上方或下方高程并量注比高。

图上高程注记点应分布均匀，图上每隔3 cm均应测高程注记点。

城市建筑区高程注记点应测设在街道中心线、街道交叉中心、建筑物墙基脚和相应的地面、管道检查井井口、桥面、广场、较大的庭院内或空地上以及其他地面倾斜变换处。

基本等高距为0.5 m时，高程注记点应注至厘米；基本等高距大于0.5 m时可注至分米。计曲线上的高程注记，字头应朝向高处，且不应在图内倒置；山顶、鞍部、凹地等不明显处等高线应加绘示坡线；当首曲线不能显示地貌特征时，可绘1/2基本等高距的间曲线。

7. 植被与土质 图上应正确反映植被的类别特征和范围分布；对耕地、园地应测定范围，并应配置相应的符号。大面积分布的植被在能表达清楚的情况下，可采用注记说明；同一地段生长有多种植物时，可按经济价值和数量适当取舍，符号配置连同土质符号不应超过3种。

种植小麦、杂粮、棉花、烟草、大豆、花生和油菜等的田地应配置旱地符号，有节水灌溉设备的旱地应加注"喷灌""滴灌"等，经济作物、油料作物应加注品种名称；一年分几季种植不同作物的耕地应以夏季主要作物为准配置符号表示。

在图上宽度大于1 mm的田埂应用双线表示，小于1 mm的应用单线表示；田块内应测注高程。

8. 注记 各种名称、说明注记和数字注记应准确注出图上所有居民地、道路（包括市镇的街、巷)、山岭、沟谷、河流等自然地理名称以及主要单位等名称,均应进行调查核实,有法定名称的应以法定名称为准,并应逐个注记。

五、提交成果资料

实习结束时,应对测量资料、成果进行整理,并装订成册,上交实习指导教师,作为实习成绩评定的主要依据。

1. 每个小组应上交的成果与资料

(1) 实习报告1份。实习报告的编写格式为:①封面:实习名称、地点、起讫日期、班级、组号、成员、编写人及指导教师姓名;②目录;③前言:说明实习的目的、任务及要求;④实习内容:实习项目、作业方法、精度要求、计算成果及示意图;⑤实习总结:主要介绍实习中遇到的技术问题及处理方法,对实习的意见和建议。

(2) 角度测量记录手簿。

(3) 距离测量记录手簿。

(4) 四等水准测量记录手簿(或电磁波测距三角高程测量记录手簿)。

(5) 碎部测量记录手簿(数字测图上交外业草图)。

(6) 控制点、图根点平面坐标和高程计算结果及其成果表1份。

(7) 1∶500或1∶1 000地形图1张,数字测图上交电子版。

2. 个人应上交的成果与资料

(1) 导线坐标计算表1份,并附示意图。

(2) 四等水准测量高程计算表1份,并附示意图(或三角高程测量高程计算表1份)。

(3) 实习总结1份,主要介绍实习中的收获和体会,做了哪些工作,遇到了哪些技术问题及处理方法,对实习的建议和创新思路等。

六、实习成绩评定

(1) 实习成绩的评定依据:实习中学生的表现;实际操作的熟练程度;上交成果资料的质量;测量仪器及工具是否完好。

(2) 考核方式:指导教师在巡视中注意了解、观察学生实习中的情况,必要时可进行口试、笔试或仪器操作考核。

(3) 成绩评定结果采用四级制:优秀、合格、不合格、无成绩。

(4) 实习成绩的评定程序:先评出有评定资格和无评定资格两个级别;然后在有评定资格的学生中评出合格、不合格两个档次;最后在合格的学生中按20%左右的比例评出优秀。

(5) 实习成绩的评定方法:首先由指导教师、班长、学习委员、小组长共同评定实习成绩。然后由指导教师综合学生个人的实习表现、上交的成果资料质量及共同评定出来的成绩进行最终成绩评定。

(6) 凡属下列情况之一者,取消成绩评定资格:①无故不参加测量实习或缺勤天数超过实习天数的1/3;②私自离校回家;③实习中发生打架事件并造成不良影响;④不上交实习成果资料；⑤违反实习纪律，损坏公物等。

（7）凡属下列情况之一者，成绩评定为不合格：①擅自离开实习岗位，经常迟到早退；②损坏或丢失测量仪器；③有意涂改或伪造原始数据或计算成果；④抄袭他人测量数据或计算成果；⑤未完成实习任务。

Ⅱ. 数字地籍测量

一、实习目的与任务

（1）使学生对地籍测量的理论、技术和方法有全面、深刻的理解，培养学生综合分析问题和解决实际问题的能力；

（2）掌握宗地划分、界址点确权、界址边长丈量、宗地草图绘制、地籍图根控制测量、界址点测量的基本方法；

（3）掌握数字地籍图测绘的基本方法；

（4）培养学生具有强烈的法律意识、政策意识和社会意识，以及严格的科学态度和工作作风；

（5）根据实习时间的长短，每小组完成 20 cm×30 cm 至 50 cm×50 cm 的 1∶500 的地籍图 1 幅，并绘制宗地草图和宗地图。

二、实习组织与时间安排

1. 实习组织（同项目Ⅰ）

2. 时间安排 表 3-4 中的时间安排是以 3 周为基础的，如实习时间长于 3 周或短于 3 周，可适当增加房屋面积测算、编绘房产图或相应压缩表 3-4 中的实习时间，如减少界址点测量及地籍图测绘和图形编辑与整饰的时间等。

表 3-4 时间安排（以 3 周为例）

实际工作时间	实习内容
第 1 天	实习动员，借领仪器设备及工具，测区实地踏勘选点
第 2、3 天	选取一宗地，布设界址点，绘制该幅宗地的宗地草图
第 4、5 天	地籍图根控制测量外业工作
第 6 天	地籍图根控制测量内业计算
第 7、8、9、10 天	界址点测量及地籍图测绘
第 11、12 天	图形编辑与整饰
第 13、14 天	宗地图绘制与面积测算
第 15 天	检查，总结，整理实习报告，清理、归还仪器设备及工具

本实习的技术要求参照了《城市测量规范 CJJ/T8—2011》《1∶500、1∶1 000、1∶2 000 地形图图式》和《地籍调查规程》（TD/T 1001—2012）三个技术文件。

三、主要仪器与工具

全站仪 1 台、反射棱镜 2 套（视仪器设备条件而定）、三脚架 3 个、充电器 1 个、DS_3

水准仪1台、双面水准尺1对、尺垫2个、50 m钢尺（没有的可用30 m的钢尺代替，没有钢尺的也可用皮尺）1把（注意：使用钢尺时一定要佩戴手套）、2 m钢卷尺1个、记录板1块、计算器1个（自备）、比例尺1根、专用量角器1个、三角板1副、《测量学实验指导》一本（自备）、铅笔、橡皮。借领仪器的注意事项与实验项目Ⅰ相同。

四、实习步骤与要求

（一）宗地划分

1. 宗地划分的基本原则

（1）由一个权属主体所有或使用的相连成片的用地范围划分为一个宗地，称为独立宗。

（2）两个或两个以上权利人共同使用的地块，且土地使用权界线难以划清的，应设为共用宗。

（3）两个或两个以上农民集体共同所有的地块，且土地所有权界线难以划清的，应设为共有宗。

（4）如果同一个权属主体所有或使用不相连的两块或两块以上的土地，则划分为两个或两个以上的宗地。

（5）土地权属有争议的地块可设为一宗地。

（6）公用广场、停车场、市政道路、公共绿地、市政设施用地、城市（镇、村）内部公用地、空闲地等可单独设立宗地。

2. 宗地划分的方法　在县级行政辖区内，以乡（镇）、街道界线为基础结合明显线性地物划分地籍区。在地籍区内，以行政村、居委会或街坊界线为基础结合明显线性地物划分地籍子区。在地籍子区内，划分国有土地使用权宗地和集体土地所有权宗地。在集体土地所有权宗地内，划分集体建设用地使用权宗地和宅基地使用权宗地。

3. 界址调查　界址调查包括指界、界标设置、界址边长丈量等工作。

（1）由本宗地及相邻宗地指界人现场共同指界，对有争议的部分单独划出作为一宗地。

（2）按幢设宗的住宅楼，楼房四周无道路、围墙、绿地等，原则上按楼两侧用地各1.5 m、楼后（有楼梯部分）3.0 m、楼前1.5 m确权。

（3）按幢设宗的住宅楼，楼房四周有道路、围墙的，确权到道路路崖石或墙外侧，有绿地的，以绿地内侧边界线确权。

（4）两楼之间距离不足3 m，以楼中间为界确权。

（5）成片住宅用地内车库（栅）、配电房、水泵房用地单独划宗，确权给合法产权人。如属于某一幢住宅楼使用，则与该住宅楼并作一宗地处理。

（6）界址点位置确定后，设置界址点标志，并编号。

（7）实地丈量界址边长。

4. 地块划分　在一宗地内按土地利用类型划分为若干地块。划分依据以《土地利用现状分类》为标准，将其划分为两级类型，并统一编码排列。2017年版《土地利用现状分类》将土地利用类型分为耕地、园地、林地、草地、商服用地、工矿仓储用地、住宅用地、公共管理与公共服务用地、特殊用地、交通运输用地、水域及水利设施用地、其他用地等12个一级类、72个二级类。例如，06工业仓储用地分为四个二级类：0601工业用地、0602采矿用地、0603 盐田、0604 仓储用地；07 住宅用地分为两个二级类：0701 城镇住宅用地、0702 农村宅基地。

同一权属单元内出现不同的土地分类时，应在调查用途和调查表中分别标注和说明。当一幢房屋楼上、楼下用途不同时，以第一层房屋用地分类为准，若第一层有多种用途时，则以主要用途为准。

(二) 宗地草图绘制

宗地草图是描述宗地位置、界址点、线和相邻宗地关系的实地草编记录。宗地草图记录的内容有：

(1) 本宗地号、坐落地址、权利人；
(2) 宗地界址点、界址点号及界址线、宗地内的主要地物；
(3) 相邻宗地号、坐落地址、权利人或相邻地物；
(4) 界址边长、界址点与邻近地物的相关距离和条件距离；
(5) 确定宗地界址点位置和界址边长、方位所必需的建筑物或构筑物；
(6) 丈量者、丈量日期、检查者、检查日期、概略比例尺、指北针。

要求：图纸质量要好，能长期保存；用 2H 铅笔绘制，线条均匀，字迹清楚，数字注记字头向北、向西书写；丈量精确至 0.01 m。

注意：宗地草图是近似的，相邻宗地草图不能拼接。有关宗地草图的绘制参见实验 16。

(三) 地籍图根平面控制测量

当测区内等级控制点在数量和密度上不能满足地籍测图的要求时，为保证界址点坐标的精度，应在各等级控制点的基础上，尽可能采用附合导线和闭合导线加密一定数量的地籍图根控制点作为地籍测图的依据。地籍图根导线测量的技术要求见表 3-5。

表 3-5　地籍图根导线测量技术指标

等级	平均边长 (m)	附合导线长度 (km)	水平角观测测回数		测回差 (″)	方位角闭合差 (″)	坐标闭合差 (m)	导线全长相对闭合差
			DJ$_2$	DJ$_6$				
一级	120	1.2	1	2	18	$\pm 24\sqrt{n}$	0.22	1/5 000
二级	70	0.7		1		$\pm 40\sqrt{n}$	0.22	1/3 000

1. 踏勘选点　每小组在指定测区进行踏勘，了解宗地情况及地形条件，确定导线的布置形式。根据测区范围、测图要求及已有控制点分布情况进行选点。图根点选定后，在实地打下木桩，桩顶钉一小钉表示点位（或在地面做上标志）并编号，编号方法同实习项目Ⅰ。图根点的密度应尽量覆盖整个测区，便于界址点测量和碎部测量。

要求：选点时控制点应分布均匀；相邻导线边长应大致相等；二级导线平均边长≤70 m，二级附合导线全长≤0.70 km（表 3-5）。

注意：图根控制点的位置应选在土质坚实、便于长期保存和安置仪器、通视良好便于测角和量距、视线开阔便于界址点测量和碎部测量的地方。

2. 水平角观测及边长测量　测量导线转折角时，闭合导线测内角，附合导线测左角，用全站仪观测（测回法）一个测回，同时用全站仪单向施测边长一测回，取两次读数平均值。

要求：仪器的对中偏差≤5 mm，上下半测回差≤±36″，二级导线的角度闭合差 $f_\beta \leqslant \pm 40''\sqrt{n}$（$n$ 为导线观测角数，见表 3-5）。用全站仪测边长各边一测回，两次读数之差≤10 mm。

注意事项同项目Ⅰ。

3. 导线内业计算 根据已知坐标数据和观测数据进行闭合导线或附合导线的成果计算，推算各导线点的平面直角坐标。计算步骤、方法和过程参见实验 6。二级导线角度闭合差 $f_\beta \leqslant \pm 40''\sqrt{n}$（$n$ 为导线观测角数）；导线全长相对闭合差 $K \leqslant 1/3\,000$。

（四）地籍图根高程控制测量

图根高程控制采用三角高程测量技术施测，高程线路与一级、二级图根平面导线点重合，其技术要求按照《城市测量规范》(CJJ/T 8)执行。

高程控制测量的方法同实习项目Ⅰ。

（五）数字地籍图测绘

用全野外数字测图的方法测绘地籍图。测图的具体技术应根据测图比例尺和测图方法，按照《城市测量规范》(CJJ/T 8)和《全球定位系统实时动态测量(RTK)技术规范》(CH/T 2009)执行。地籍图图面必须主次分明、清晰易读。

1. 全站仪/GNSS 数字测图（参见实验 8 和实验 9）

（1）测图前的准备。

A. 数字地籍图的内容和测绘要求。地籍图的内容包括行政区划要素、地籍要素、地形要素、数学要素和图廓要素。地籍要素包括地籍区界线、地籍子区界线、土地权属界址线、界址点、图斑界线、地籍区号、地籍子区号、宗地号（含土地权属类型代码和宗地顺序号）、地类代码、土地权利人名称、坐落地址等。地形要素包括建筑物、道路、水系、地理名称等。界址线依附的地形要素（地物、地貌）应表示，不可省略。可根据需要表示地貌，如等高线、高程注记、悬崖、斜坡、独立山头等。

B. 数据采集与成图方法选择。一般外业采用全站仪测记法进行数据采集，并绘制草图。内业采用南方 CASS9.0 成图软件成图。

C. 数据准备。将前期图根点的平面坐标和高程输入全站仪，方便测图时调用数据。

D. 测站设置与检核。输入测站点号和仪器高以及定向点号和目标高，完成定向。然后瞄准一已知坐标点进行检核，检查通过后可进行下一步的工作，具体方法参见实验 8。

（2）界址点测量。界址点测量主要采用极坐标法，通常和碎部测量同时进行。采用全站仪、GNSS 接收机、钢尺等测量工具，通过全野外测量技术获取界址点坐标和界址点间距。主要方法有极坐标法、距离交会法、角度交会法、GNSS-RTK 测量方法等，可根据界址点的观测环境选用不同的方法。

A. 当采用全站仪测量时，观测时应做测站检查，检查点可以是定向点、邻近控制点和已测设的界址点。若界址点为房屋墙角或围墙外侧的拐点，施测时棱镜中心会产生偏心问题。若棱镜中心偏离界址点实际位置大于 5 cm，应加上偏心误差改正。

B. 当采用钢尺量距时，宜丈量两次并进行尺长改正，两次较差的绝对值应小于 5 cm。

C. 界址点应进行有效检核。有两种检核界址点测量误差的方法：①界址点坐标点位检核；②界址点间距检核。检核结果应符合表 3-6 的规定。

表 3-6　解析界址点的精度

级别	界址点相对于邻近控制点的点位误差，相邻界址点间距误差（cm）	
	中误差	允许误差
一	±5.0	±10.0
二	±7.5	±15.0
三	±10.0	±20.0

注：(1) 土地使用权明显界址点精度不低于一级，隐蔽界址点精度不低于二级；
　　(2) 土地所有权界址点可选择一、二、三级精度。

（3）碎部测量。野外数字化测图采用全站仪极坐标法、GNSS-RTK法以及钢尺等测量工具进行，外业绘制草图。点号和测点坐标记录并存储在仪器内存中。当有些隐蔽的碎部点无法用极坐标法测量出来时，往往需要用钢尺丈量边长，然后根据外业所测的基本点及丈量的边长，用解析法求出该碎部点的坐标。内业将测量坐标数据导出，编辑整理成CASS要求的数据格式形式，结合外业草图绘制平面图。

注意：每日施测前，应对数据采集软件进行试运行检查，对输入的控制点数据需显示进行检查；每天工作结束后应及时对外业观测资料进行整理和检查，若数据记录有错，需查找原因，必要时必须返工重测。

2. 绘制地籍图

（1）数据传输。外业数据采集完成后，当天的数据必须传输到计算机，以便用CASS软件进行处理。测量外业数据最好备份到一个新建的文件夹内，并注明测量日期及主要内容，便于在内业编辑出现问题时备用。

（2）绘制平面图。参考实验10，结合外业测量的坐标数据和草图绘制平面图。必要的地方可注记高程点信息。

（3）绘权属地籍图。地籍图与平面图相比，其核心是带有宗地属性的权属线，生成权属线有两种方法：在屏幕上根据界址点手工绘制权属（界址）线，或通过事前生成的权属信息数据文件绘制权属线。

首先在"文件"→"CASS参数配置"→"地籍图及宗地图"中，设置区划代码位数6位，街道、街坊位数3位；在"地籍图注记"中，选取"地籍号全显"，将"地类、面积、界址点距离、权利人"前的方框打钩。在"宗地图"方框内选取"注宗地号、不满幅"。

A. 手工绘制：单击"地籍"菜单下"绘制权属线"，按命令行提示逐一选取宗地界址点，到宗地最后一个界址点时，输入字母"C"，系统立即弹出对话框，要求输入宗地基本属性，依次输入行政区划、街道、街坊、宗地号、权利人和地类号，点"确定"，系统提示"输入宗地号注记位置"，在宗地中间空白位置处点击一下，宗地号就注记完成了。

B. 通过权属信息数据文件绘制权属线：权属信息数据文件由权属引导文件和界址点数据文件合并而成。

a. 编辑权属引导文件：首先用记事本或写字板编辑权属引导文件。如文件名为southyd.dat，权属引导文件的格式为：

宗地号，权利人，土地类别，界址点号，……，界址点号，E（一宗地结束）
宗地号，权利人，土地类别，界址点号，……，界址点号，E（一宗地结束）
……
E（文件结束）

说明：①每一宗地信息占一行，以 E 为一宗地的结束符，E 要求大写；②编宗地号的方法：街道号（地籍区号）+街坊号（地籍子区）+宗地号（地块号）；③权利人按实际调查结果输入；④地类号按规范要求输入。

b. 权属合并：将权属引导文件和界址点数据文件合并。

选择"地籍\权属文件生成\权属合并"项，系统弹出对话框，提示输入权属引导文件名。选择上一步生成的权属引导文件 southyd.dat，点击"打开"按钮。

系统弹出对话框，提示"输入坐标点（界址点）数据文件名"，类似上步，选择界址点坐标数据文件，点击"打开"按钮。

系统弹出对话框，提示"输入地籍权属信息数据文件名"，对弹出的对话框"文件名（N）"后面输入文件名，如 SOUTHDJ.QS，在"保存类型（T）"下拉列表中，选择所有文件（*.*）。

c. 绘权属地籍图：鼠标点击"地籍\依权属文件绘权属图"，界面弹出要求输入权属信息数据文件名的对话框，这时输入权属信息数据文件，如 SOUTHDJ.QS，命令区提示：输入范围（宗地号、街坊号或街道号）〈全部〉：根据绘图需要，输入要绘制地籍图的范围，默认值为全部，地籍图就画好了。

（4）图形编辑。可以修改界址点点号、重排界址点点号、界址点圆圈修饰（剪切\消隐）、修改界址线属性、修改界址点属性等。

（5）制作宗地图。有单块宗地和批量处理两种方法，两种都是基于带属性的权属线。以编制单块宗地为例：

打开刚才绘制的地籍图，选择"地籍\绘制宗地图框\A4 竖（或横）\单块宗地"，屏幕提示如下：

"用鼠标器指定宗地图范围　第一角：用鼠标指定要处理宗地的左下方。
　　　　　　　　　　　　另一角：用鼠标指定要处理宗地的右上方。"

此时，系统弹出对话框，要求对宗地图参数进行设置，可以选择宗地图的比例尺是自动计算，还是手工输入；宗地图比例尺分母为 100 的整倍数等。比例尺以及宗地图框的大小（横、竖）可根据宗地范围事先大致手工计算一下。参数设置完后，点击"确定"，命令行提示："用鼠标器指定宗地图框的定位点"。在屏幕空白处任意指定一点，一幅完整的宗地图就画好了。再按宗地图规范要求对宗地图进行整饰。另外，用户可以根据宗地大小以及要求的宗地图比例尺自己定制宗地图框。

（6）绘制地籍表格。地籍表格主要有界址点成果表、界址点坐标表、以街坊为单位的界址点坐标表、以街道为单位宗地面积汇总表、城镇土地分类面积统计表等。地籍表格是根据权属数据信息文件由系统自动绘制的，根据选中的范围，既可单个绘出，又可批量出表。

要求：在成果输出前，首先进行自检，主要检查有无漏测、错画，地物之间关系是否正确，地籍信息是否准确等。然后由指导教师进行检查，合格后方可输出。

（7）成图质量检查。相邻界址点间距、界址点与邻近地物点关系距离的图上误差

≤±0.3 mm。在宗地内部，与界址点不相邻的地物的点位图上误差≤0.5 mm，邻近地物点间距图上误差≤±0.4 mm。

五、提交成果资料

在实习结束前，应对测量资料、成果进行整理，并装订成册，上交给实习指导教师，作为实习成绩评定的主要依据。

1. 每个小组应上交的成果与资料

（1）实习报告1份，包括：①封面内容：实习名称、地点、起讫日期、班级、组号、成员、指导教师；②目录；③前言：说明实习的目的、任务及要求；④实习内容：实习项目、作业方法、精度要求、计算成果及示意图；⑤实习总结：主要介绍实习中遇到的技术问题及处理方法，对实习的意见和建议。

（2）角度、距离、四等水准测量记录。

（3）地籍控制测量成果资料（控制点计算表、控制点示意图、成果表）。

（4）界址点坐标表。

（5）1∶500地籍图、宗地草图、宗地图。

（6）面积计算表。

2. 个人应上交的成果与资料

（1）导线坐标计算表，并附示意图；

（2）四等水准测量高程计算表，并附示意图；

（3）宗地勘丈记录表；

（4）实习总结。

由于上交成果中的各种记录空表（或手簿）附在《测量学实验指导》中，上交成果时需将该书连同实习总结和图一起上交。

六、实习成绩评定

实习成绩评定的方法同实习项目Ⅰ。

Ⅲ. 复习题

一、简答题

1. 简述高斯-克吕格平面直角坐标系与笛卡尔坐标系的不同点。
2. 简述并画图说明水准仪测量两点间高差的基本原理。
3. 何为视差？如何消除视差？
4. 简述经纬仪对中、整平的目的。
5. 简述测回法测水平角的步骤。
6. 导线的布设形式有哪些？其外业工作主要包括哪些？
7. 试述四等水准测量一个测站的工作步骤。
8. 简述一个测站上地形图测绘的步骤。
9. 何谓比例尺精度？它有什么实用价值？
10. 简述等高线的特性。

二、计算题

11. 某施工单位根据设计图纸开挖一条排水沟，该排水沟某段沟底的设计高程为 19.20 m，挖掘机驾驶员不知是否需要继续开挖。测量员甲用 DS_3 型水准仪进行测量。距离该排水沟 50 m 远处有一已知高程点 A，$H_A=20.187$ m，用水准仪测得 A 点上水准尺黑面中丝读数 a 为 1 373，该段排水沟沟底某点的黑面中丝读数为 1 790，则：

   (1) 是否还需要继续开挖？
   (2) 若需要，则还需要开挖多深？

12. 某附合水准路线的高差观测成果如表 3-7，高差闭合差限差 $f_{h允}=\pm10\sqrt{n}$ mm。n 为总的测站数，请在表 3-7 内按测站数调整闭合差并求出各点的高程。

表 3-7　附合水准路线高程计算

点号	测站数（个）	观测高差（m）	改正数（mm）	改正后高差（m）	高　程（m）
BM_A					30.440（已知）
1	12	+8.750			
2	9	−5.611			
3	11	−7.200			
BM_B	15	+8.078			34.410（已知）
Σ					
辅助计算		$f_h=$ ，$f_{h容}=\pm20\sqrt{l}=$			

13. 使用 DJ₆ 级光学经纬仪（盘左时，望远镜上仰，读数减小）在测站点 A 进行碎部测量，仪器高为 1.48 m，A 点高程为 31.024 m。

（1）为测量竖盘指标差，某同学瞄准一固定目标，盘左竖盘读数为 88°45′54″，盘右竖盘读数为 271°16′06″，则该仪器的竖盘指标差为多少？

（2）用这台经纬仪进行视距测量时，若上一问计算出的指标差≥1′，则计算竖角时需要考虑指标差的影响。某同学在盘左位置瞄准 1 点上的标尺，其盘左竖盘读数为 92°32′，上丝读数为 1.374 m，中丝读数为 1.48 m，下丝读数为 1.582 m。试计算 A 点到 1 点的水平距离和 1 点的高程，取位到 0.01 m。

14. 某闭合导线见图 3-1，闭合导线的起始数据、观测数据见表 3-8。该作业的起始数据、连接角、连接边共 36 组，每位同学计算的题号要和本人的学号对应起来，不许选做或几个同学共做同一道题。请在表格 3-9 中完成坐标的计算。

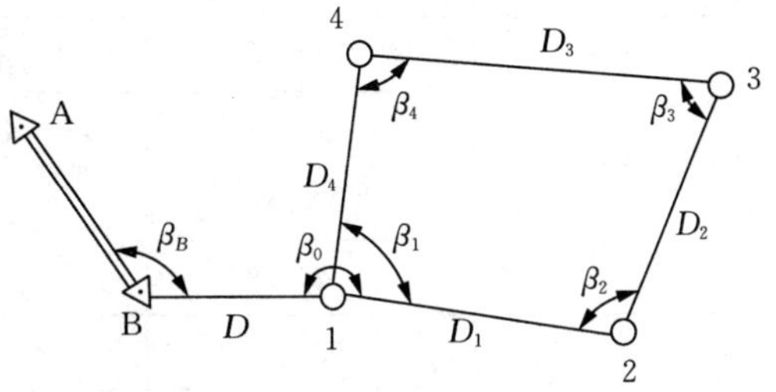

$\beta_1 = 89°36′30″$，$D_1 = 210.49$ m；$\beta_2 = 107°48′30″$，$D_2 = 160.36$ m；$\beta_3 = 73°00′20″$，$D_3 = 258.77$ m；$\beta_4 = 89°33′50″$，$D_4 = 156.35$ m；计算 1、2、3、4 点的坐标，要求：

图 3-1 闭合导线图

①角度闭合差 $f_{\beta容} = \pm 40″\sqrt{n}$，其中 n 为闭合导线观测角个数，角度计算取至秒；

②导线全长相对闭合差 $k_容 = \dfrac{1}{3\,000}$。

表 3-8 闭合导线起始数据、观测数据

题号	已知点坐标		连接角			连接边
	x_A	y_A	β_B			D (m)
	x_B	y_B	β_0			
	(m)	(m)	(°)	(′)	(″)	
1	787.57	477.26	135	01	20	195.27
	670.35	587.01	181	10	10	
2	910.53	687.61	154	06	40	189.31
	747.31	710.58	180	10	50	
3	797.48	641.88	149	15	00	178.56
	679.76	750.87	187	24	55	
4	700.20	587.20	150	21	10	191.49
	656.14	705.21	181	10	10	
5	755.40	590.14	131	30	22	187.08
	667.42	634.26	167	27	50	
6	955.60	875.40	132	40	15	194.24
	753.62	876.46	181	35	18	
7	987.48	752.59	146	01	35	196.86
	976.73	806.62	184	11	26	

（续）

题号	已知点坐标		连接角			连接边 D (m)
	x_A	y_A	β_B			
	x_B	y_B	β_0			
	(m)	(m)	(°)	(′)	(″)	
8	1 079.28	747.39	154	01	30	178.27
	590.53	824.71	186	36	30	
9	1 014.45	876.31	151	40	25	179.78
	673.97	897.66	187	52	20	
10	1 075.46	932.13	119	15	30	191.56
	874.58	976.46	183	24	05	
11	939.73	652.22	134	07	10	181.39
	749.63	735.43	186	04	03	
12	936.53	707.47	145	09	15	195.91
	873.26	801.09	182	52	59	
13	732.75	470.98	113	10	23	191.07
	701.01	663.25	186	35	09	
14	950.95	729.72	133	07	07	178.29
	921.02	804.31	183	54	30	
15	797.86	557.74	147	03	18	180.24
	871.06	580.96	181	11	03	
16	700.89	585.46	115	01	06	188.36
	650.05	731.12	185	13	07	
17	957.75	614.30	150	15	15	196.58
	731.03	773.26	187	21	18	
18	987.59	704.29	146	15	36	196.40
	875.46	813.20	184	06	07	
19	787.88	650.94	151	37	34	186.54
	720.92	757.64	186	16	13	
20	719.71	609.80	139	39	53	192.67
	767.76	713.20	180	54	37	
21	987.69	856.88	136	02	30	195.76
	791.09	910.91	187	09	00	

（续）

题号	已知点坐标		连接角	连接边 D (m)
	x_A	y_A	β_B	
	x_B	y_B	β_0	
	(m)	(m)	(° ′ ″)	
22	887.87	767.76	155 07 50	191.30
	871.07	920.92	137 10 40	
23	910.91	622.11	130 16 07	178.45
	887.69	739.73	186 34 10	
24	856.22	604.57	139 31 25	193.57
	767.76	700.34	182 00 10	
25	743.24	591.07	159 30 27	187.35
	679.77	623.22	137 05 03	
26	943.24	856.66	131 50 10	196.98
	765.46	971.06	181 54 30	
27	797.68	639.72	137 00 15	140.28
	574.37	701.10	184 51 36	
28	1 087.56	759.95	152 05 20	197.38
	602.20	813.20	186 15 50	
29	1 002.19	856.68	140 10 23	187.52
	675.48	376.57	187 23 21	
30	1 063.26	543.24	138 15 35	178.67
	796.59	865.45	184 52 05	
31	927.62	644.32	133 07 23	191.97
	751.05	824.32	185 11 19	
32	762.25	597.67	145 01 25	146.32
	575.48	811.00	182 43 40	
33	719.71	700.35	110 10 52	195.67
	713.21	952.57	186 05 10	
34	937.73	740.94	132 07 18	186.26
	752.23	993.27	182 55 00	
35	876.59	547.76	157 00 22	191.60
	773.28	659.75	182 06 22	
36	856.86	647.76	133 07 04	179.14
	762.16	830.92	184 29 10	

表 3-9 坐标计算

点号	观测角(左角)(° ′ ″)	改正数(″)	改正角(° ′ ″)	坐标方位角 α (° ′ ″)	距离 D (m)	坐标增量 Δx (m)	Δy (m)	改正后的增量值 Δx (m)	Δy (m)	坐标 x (m)	y (m)	点号
(1)	(2)	(3)	(4)=(2)+(3)	(5)	(6)	(7)	(8)	(9)	(10)	(11)	(12)	13
辅助计算												

15. 为检验同学们掌握四等水准测量计算规律与计算能力的情况，特设计了以下教学情境。某实习小组初次进行四等水准测量实验，1M 点为高程已知点，1A、1B、1C 为待测高程点，四个点组成闭合水准路线（图 3-2）。前 3 个测段的测段距离与观测高差见表 3-10。每个测段均测量了 2 个测站。在第 1C—1M 测段，为了提高速度，该小组心存侥幸，在该测段上的 7、8 测站上只读数，并没有进行测站校核与高差计算。按规范要求此两站测量成果作废。为了检验同学们是否掌握了四等水准测量的计算规律，请继续完成表 3-11 中四等水准测量记录表中第 7、8 测站上的测站检核和高差计算，试判断该测站成果是否合格。测站成果符合要求的，计算平均高差。测站成果不符合要求的，说明原因，将原因填入该测站最右一列中。其中第 8 测站记录的同学将数据记在了草稿本上，这也是不符合测量规范的行为。第 8 站的观测数据如下（每一行的四个数为同一根标尺黑红面的读数）：

图 3-2 闭合水准路线

2431　7216　2739　2133
0965　0683　5370　0401

但该同学忘记了哪一行是后视标尺上的读数，哪一行是前视标尺上的读数。请根据四等水准测量的规律，将第 8 测站数据从草稿纸上移入表格（请记住，此行为不符合规范要求），并完成表 3-11 中空白部分的计算。最后，填表完成表 3-10 中四等闭合水准路线高程计算。

表 3-10　四等闭合水准路线高程计算

点　号	距离（km）	观测高差（m）	改正数（mm）	改正后高差（m）	高程（m）
1M					30.011（已知）
	0.26	+1.718			
1A					
	0.37	−1.166			
1B					
	0.35	+1.263			
1C					
1M					
Σ					
辅助计算	$f_h=$　　，$f_{h容}=\pm 20\sqrt{l}=$				

提示：第 4 测段的高差为第 7、8 测站高差之和，距离为第 7、8 测站前后视距离之和。

表 3-11　四等水准测量记录

测站编号	点号	后尺 上丝 下丝 后视距离 前后视距差（m）	前尺 上丝 下丝 前视距离 累积差（m）	方向及尺号	标尺中丝读数（m） 后视 黑面	标尺中丝读数（m） 前视 红面	K+黑−红	平均高差（m）	测站是否合格，不合格的原因
6	转3	1.979	0.738	后	1.718	6.405	0		
	1C	1.457	0.214	前	0.476	5.265	−2		
		52.2	52.4	后−前	+1.242	+1.140	+2	+1.241	
		−0.2	+2.2						
7	1C	1.870	1.918	后	1.548	6.336			
	转4	1.226	1.290	前	1.608	6.292			
				后−前					
8	转4			后					
	1M			前					
				后−前					

其中第 6 测站的记录计算数据如下：经检查计算结果合格，请根据第 6 测站计算结果判别后、前标尺的 K 值。

16. 若某点的地理坐标为东经 116°55′06″，北纬 30°02′24″。
    （1）试求该点所在 1∶5 万比例尺地形图的编号。
    （2）按高斯投影 3°分带法，试求该点所在 3°分带的带号及中央子午线的经度？
    （3）按高斯投影 6°分带法，试求该点所在 6°分带的带号及中央子午线的经度？

17. 三个点的坐标分别为 A（450.0，375.0）、B（258.0，693.5）和 C（687.0，735.0），请计算水平角 ABC 的大小。

18. 如图 3-3，需要测量道路中线上 1、2、3 点的坐标。控制点 A、B 在道路旁，坐标为：$X_A=481.11$ m，$Y_A=322.00$ m，$H_A=57.002$；$X_B=562.20$ m，$Y_B=401.90$ m，$H_B=58.195$，利用极坐标法测量 1 点坐标。在 B 点安置经纬仪，仪器高为 1.52 m，竖直角的计算公式为 $\alpha_L=90°-L$。经纬仪照准部瞄准 A 点定向，水平度盘置零。水准尺立于 1 点时读取的数据如下：水平度盘读数为 60°28′，下丝读数为 2.002 m，上丝读数为 0.961 m，中丝读数为 1.48 m，盘左竖盘读数为 93°50′，请计算 1 点的坐标。

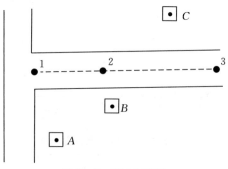

图 3-3 第 18 题图

19. 在某 1∶2 000 比例尺地形图上，如图 3-4，A、B 两点位于小方格 $abcd$ 内。经量测出 $ae=1.8$ cm，$ag=1.8$ cm，$af=5.2$ cm，$ah=4.6$ cm。试计算 AB 长度 D_{AB} 及其坐标方位角 α_{AB}。

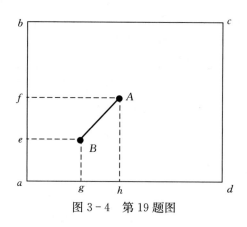

图 3-4 第 19 题图

20. 某建筑场地方格网、地面标高如图 3-5，方格边长 $a=10$ m。

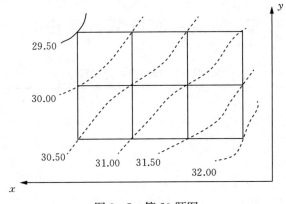

图 3-5 第 20 题图

(1) 试按挖填平衡的原则确定场地平整的设计标高 H_0，然后算出角点的施工高度，绘出零线，分别计算挖方量和填方量；

(2) 当 $i_x=+3‰$，$i_y=0$ 时，试确定方格各角点的设计标高；

(3) 当 $i_x=+3‰$，$i_y=+2‰$ 时，试确定方格各角点的设计标高。

Ⅳ. 附录：测量学实习用表

附表 3-1 绘制图根控制草图

附表 3-2　控制点成果

日期：_____　　　　　　　　填表人：_____

点号	类别	纵坐标（m）	横坐标（m）	高程（m）	点 之 记	备注

附表 3-3　测回法观测记录

仪器型号：_____　　日　期：_____　　天　气：_____

班　组：_____　　观测者：_____　　记录者：_____

测站 （测回）	竖盘位置	目标	水平度盘读数 （° ′ ″）	半测回角值 （° ′ ″）	一测回角值 （° ′ ″）	各测回 平均角值 （° ′ ″）	备 注
	左						
	右						
	左						
	右						
	左						
	右						
	左						
	右						

(续)

测站 (测回)	竖盘位置	目标	水平度盘读数 (° ′ ″)	半测回角值 (° ′ ″)	一测回角值 (° ′ ″)	各测回 平均角值 (° ′ ″)	备 注
	左						
	右						
	左						
	右						
	左						
	右						
	左						
	右						
	左						
	右						
	左						
	右						
	左						
	右						
	左						
	右						
	左						
	右						
	左						
	右						

(续)

测站 (测回)	竖盘位置	目标	水平度盘读数 (° ′ ″)	半测回角值 (° ′ ″)	一测回角值 (° ′ ″)	各测回 平均角值 (° ′ ″)	备 注
	左						
	右						
	左						
	右						
	左						
	右						
	左						
	右						

附表 3－4　全圆测回法观测记录

日　期：_____　天　气：_____　仪器型号：_____　班级小组：_____

测回数	测站	目标	水平度盘读数		2C＝左－ (右±180) (″)	平均读数＝[左＋ (右±180)]/2 (° ′ ″)	归零后 方向值 (° ′ ″)	各测回归零 平均方向值 (° ′ ″)	水平角值 (° ′ ″)	备注
			盘左 (° ′ ″)	盘右 (° ′ ″)						

(续)

测回数	测站	目标	水平度盘读数 盘左 (° ′ ″)	水平度盘读数 盘右 (° ′ ″)	2C=左−(右±180) (″)	平均读数=[左+(右±180)]/2 (° ′ ″)	归零后方向值 (° ′ ″)	各测回归零平均方向值 (° ′ ″)	水平角值 (° ′ ″)	备注

附表 3-5 四等水准测量记录

仪器型号：_____ 天　气：_____ 日　期：_____
班　级：_____ 小组号：_____ 小组成员：_____

测站编号	点号	后尺 上丝 / 下丝 / 后视距离 / 前后视距差（m）	前尺 上丝 / 下丝 / 前视距离 / 累积差（m）	方向及尺号	水准尺中丝读数（m） 黑面	水准尺中丝读数（m） 红面	K+黑−红 (mm)	平均高差（m）	备注
				后					
				前					
				后−前					

(续)

测站编号	点号	后尺 上丝		前尺 上丝		方向及尺号	水准尺中丝读数（m）		K+黑－红（mm）	平均高差（m）	备注
			下丝		下丝		黑面	红面			
		后视距离		前视距离							
		前后视距差（m）		累积差（m）							
						后					
						前					
						后－前					
						后					
						前					
						后－前					
						后					
						前					
						后－前					
						后					
						前					
						后－前					
						后					
						前					
						后－前					
						后					
						前					
						后－前					
						后					
						前					
						后－前					

(续)

测站编号	点号	后尺 上丝 下丝 后视距离 前后视距差（m）	前尺 上丝 下丝 前视距离 累积差（m）	方向及尺号	水准尺中丝读数（m） 黑面	水准尺中丝读数（m） 红面	K +黑 -红 (mm)	平均高差（m）	备注
				后					
				前					
				后−前					
				后					
				前					
				后−前					
				后					
				前					
				后−前					
				后					
				前					
				后−前					
				后					
				前					
				后−前					
				后					
				前					
				后−前					
				后					
				前					
				后−前					

附表 3-6　图根高程控制测量内业计算

日期：_____　　　班组号：_____　　　计算者：_____

点　号	距离 (km)	平均高差 (m)	改正数 (mm)	改正后高差 (m)	点之高程 (m)	备　注
$\sum$						

附表 3-7　距离测量记录

日　期：_____　　　班组号：_____　　　司尺员：_____

尺子型号：_____　　　尺　长：_____　　　记录员：_____

测　线		往　测 (m)	返　测 (m)	往－返 (m)	相对误差 $\dfrac{往-返}{距离平均值}$	平均长度 (m)
起点	终点					

附表 3-8 视距测量记录

时　间：_____　　天　气：_____　　班　组：_____　　测站名：_____

仪器高 i：_____　　测站高程 H_0：_____　　观测者：_____　　记录者：_____

点号	下丝读数 (m)	上丝读数 (m)	中丝读数 (m)	视距间隔 (m)	竖盘读数 (° ′)	竖直角 (° ′)	仪器高 (m)	水平距离 (m)	高差 (m)	高程 (m)

附表 3-9　竖直角测量记录

时　间：＿＿＿＿＿＿＿　　天　气：＿＿＿＿＿＿＿　　班组：＿＿＿＿＿＿＿　　测站名：＿＿＿＿＿＿＿

仪器高 i：＿＿＿＿＿＿＿　　测站高程 H_0：＿＿＿＿＿＿＿　　观测者：＿＿＿＿＿＿＿　　记录者：＿＿＿＿＿＿＿

测站	测点	盘位	竖盘读数 (° ′ ″)	半测回竖直角 (° ′ ″)	指标差 (′ ″)	一测回竖直角 (° ′ ″)	瞄准位置	仪器高 (m)
		左						
		右						
		左						
		右						
		左						
		右						
		左						
		右						
		左						
		右						
		左						
		右						
		左						
		右						
		左						
		右						
		左						
		右						
		左						
		右						
		左						
		右						
		左						
		右						
		左						
		右						
		左						
		右						

附表 3-10 闭合导线坐标计算

班组：_____　　　学号：_____　　　计算者：_____

点号	观测角（左角）(° ′ ″)	改正数 (″)	改正角 (° ′ ″)	坐标方位角 α (° ′ ″)	距离 D (m)	坐标增量		改正后的增量值		坐标		点号
						Δx (m)	Δy (m)	Δx (m)	Δy (m)	x (m)	y (m)	
(1)	(2)	(3)	(4)=(2)+(3)	(5)	(6)	(7)	(8)	(9)	(10)	(11)	(12)	(13)
辅助计算												

附表 3-11 碎部测量记录手簿

日期：_____ 天气：_____ 班级组号：_____ 姓名学号：_____

测站点名及高程：_____ 后视点名：_____ 仪器高：_____ 仪器型号：_____

点号	水平角 β (° ′)	下丝 (m)	上丝 (m)	视距间隔 l (m)	中丝 v (m)	竖直角 α (° ′)	高差 h (m)	平距 D (m)	高程 H (m)

（续）

点号	水平角 β (° ′)	下丝 (m)	上丝 (m)	视距间隔 l (m)	中丝 v (m)	竖直角 α (° ′)	高差 h (m)	平距 D (m)	高程 H (m)

(续)

点号	水平角 β (° ′)	下丝 (m)	上丝 (m)	视距间隔 l (m)	中丝 v (m)	竖直角 α (° ′)	高差 h (m)	平距 D (m)	高程 H (m)

(续)

点号	水平角 β (° ′)	下丝 (m)	上丝 (m)	视距间隔 l (m)	中丝 v (m)	竖直角 α (° ′)	高差 h (m)	平距 D (m)	高程 H (m)

(续)

点号	水平角 β (° ′)	下丝 (m)	上丝 (m)	视距间隔 l (m)	中丝 v (m)	竖直角 α (° ′)	高差 h (m)	平距 D (m)	高程 H (m)

附表 3-12　纵断面测量记录（单位：m）

日期：_____　　天气：_____　　仪器型号：_____　　班级组号：_____

| 桩号 | 后视读数 | 视线高程 | 前视 | | 高程 | 备注 |
			转点	中间点		

(续)

桩号	后视读数	视线高程	前视		高程	备注
			转点	中间点		

附表 3-13　土地平整挖、填土方计算汇总（单位：m³）

方格角号										合计
挖方										
填方										

附表 3-14　渠道横断面水准测量记录（单位：m）

日期：_____　　天气：_____　　仪器型号：_____　　组别：_____

左 侧 横 断 面			后视读数 中心桩号	右 侧 横 断 面		
前视读数 距离	前视读数 距离	前视读数 距离		前视读数 距离	前视读数 距离	前视读数 距离

附表 3-15　渠道土方计算

日　　期：_____　　　　计算者：_____　　　　校核者：_____

桩号	地面高程 (m)	设计渠底高程 (m)	中心桩		断面面积 (m²)		平均断面面积 (m²)		距离 (m)	土方量 (m³)	
			挖深 (m)	填高 (m)	挖	填	挖	填		挖	填

附表 3-16　建筑物测设数据

日　　期：_____　　　　班级组号：_____

点名	X 坐标	Y 坐标	备注
K_1			控制点
K_2			控制点
K_3			控制点
1			测设点
2			测设点
3			测设点
4			测设点
5			测设点
6			测设点

附表 3-17　测设建筑物精度检查记录

日　期：_____　　班级组号：_____　　观测者：_____　　记录者：_____

角度检验		角度调整值 (° ′ ″)	边长检验			边长调整值 (m)
名称	观测角值 (° ′ ″)		名称	观测边长 (m)	相对误差	

附表 3-18　转折角观测记录

仪器型号：_____　　日　期：_____　　天　气：_____
班　组：_____　　观测者：_____　　记录者：_____

测站 (测回)	竖盘位置	目标	水平度盘读数 (° ′ ″)	半测回角值 (° ′ ″)	一测回角值 (° ′ ″)	各测回平均角值 (° ′ ″)	备注
	左						
	右						
	左						
	右						

附表 3-19　圆曲线主点测设数据

班组：_____　　观测者：_____　　记录者：_____

转折角		设计半径	
曲线长		切曲差	
切线长		外矢距	
JD 里程		ZY 里程	
YZ 里程		QZ 里程	

附表 3-20　偏角法测设圆曲线的测设数据记录

班组：_____　观测者：_____　记录者：_____

测站点	置镜点	弦长	测设偏角	备注
ZY				
YZ				

附表 3-21　角度测设精度检验

仪器型号：_____　日　期：_____　天　气：_____
班　组：_____　观测者：_____　记录者：_____

测站点	目标点	观测角值 (° ′ ″)		观测角平均值 (° ′ ″)	测设角值 (° ′ ″)	调整值 (° ′ ″)
ZY		上半测回				
		下半测回				
ZY		上半测回				
		下半测回				
ZY		上半测回				
		下半测回				
ZY		上半测回				
		下半测回				
YZ		上半测回				
		下半测回				
YZ		上半测回				
		下半测回				
YZ		上半测回				
		下半测回				

附表 3-22 距离测设精度检验

班组：_____ 观测者：_____ 记录者：_____

检查边	观测值 (m)		相对误差	调整值 (m)	备注
—	往				
	返				
—	往				
	返				
—	往				
	返				
—	往				
	返				
—	往				
	返				
—	往				
	返				

附表 3-23 点位测设精度检查

班组：_____ 观测者：_____ 记录者：_____

方向及点名	横向误差 (m)	纵向误差 (m)	调整值 (m)		备 注
			横向	纵向	
从 ZY 测设 QZ					与从 JD 测设的 QZ 点进行比较
从 YZ 测设 QZ					
从 ZY 测设 QZ					
从 YZ 测设 QZ					

附表 3-24 圆曲线设计数据

点名	X 坐标（m）	Y 坐标（m）	备注
ZD_1			道路起点，里程桩号 0+000
JD			交点
ZD_2			道路终点
0+000 设计高程（m）	圆曲线设计半径（m）	曲线加桩（弧长）（m）	中线设计坡度（‰）	横断面设计坡度（‰）
$H=$	$R=$	$L=$	$i_1=$	$i_2=$

测量学实习总结

学　　校：＿＿＿＿＿＿＿＿＿＿＿＿＿＿＿
专　　业：＿＿＿＿＿＿＿＿＿＿＿＿＿＿＿
班　　级：＿＿＿＿＿＿＿＿＿＿＿＿＿＿＿
学　　号：＿＿＿＿＿＿＿＿＿＿＿＿＿＿＿
姓　　名：＿＿＿＿＿＿＿＿＿＿＿＿＿＿＿
指导教师：＿＿＿＿＿＿＿＿＿＿＿＿＿＿＿

＿＿＿＿＿年＿＿＿＿月＿＿＿＿日

复习题参考答案

一、答案略

二、

11. （1）需要；（2）继续开挖 0.57 m。

12. $H_1=39.178$ m，$H_2=33.558$ m，$H_3=26.347$ m

13. （1）$x=1'$；（2）$D_{A1}=20.76$ m，$H_1=30.11$ m

14. 本题第 36 号为实验 6 中给出的例题，每位同学最后的算出的坐标都不一样，但 f_β，f，k 都一样，如下：

$$f_\beta=\sum\beta-(n-2)\times180°=-50'',\ f=\sqrt{f_x^2+f_y^2}=0.26\text{ m},\ k=\frac{f}{\sum D}=1/3\ 023$$

15.

表 3-10 四等闭合水准路线高程计算

点号	距离（km）	观测高差（m）	改正数（mm）	改正后高差（m）	高程（m）
1M					30.011（已知）
	0.26	+1.718	−2	+1.716	
1A					31.727
	0.37	−1.166	−3	−1.169	
1B					30.558
	0.35	+1.263	−3	+1.260	
1C					31.818
	0.24	−1.805	−2	−1.807	
1M					30.011
∑	1.22	+0.010	−10	0	
辅助计算	\multicolumn{5}{c}{$f_h=+10$ mm, $f_{h容}=\pm20\sqrt{l}=\pm22$ mm, $f_h<f_{h容}$}

表 3-11 四等水准测量记录

测站编号	点号	后尺 上丝 / 下丝 / 后视距离 / 前后视距差（m）	前尺 上丝 / 下丝 / 前视距离 / 累积差（m）	方向及尺号	标尺中丝读数（m） 后视 黑面	标尺中丝读数（m） 前视 红面	K+黑−红（mm）	平均高差（m）	是否合格，不合格的原因
7	1C	1.870	1.918	后	1.548	6.336	−1		合格
	转4	1.226	1.290	前	1.608	6.292	+3		
		64.4	62.8	后−前	−0.060	+0.044	−4	−0.058	
		+1.6	+3.8						
8	转4	0.965	2.739	后	0.683	5.370	0		合格
	1M	0.401	2.133	前	2.431	7.216	+2		
		56.4	60.6	后−前	−1.748	−1.846	−2	−1.747	
		−4.2	−0.4						

16. (1) H50E012012;(2) 39,117°;(3) 20,117°

17. $\alpha_{BA} = \arctan[(y_A - y_B)/(x_A - x_B)] = 301°04'58''$,
$\alpha_{BC} = \arctan[(y_C - y_B)/(x_C - x_B)] = 9°55'56''$,$\angle ABC = \alpha_{BC} - \alpha_{BA} + 360° = 68°50'56''$

18. $\alpha_{AB} = \arctan[(y_B - y_A)/(x_B - x_A)] = 44°34'35''$,$\alpha_{B1} = \alpha_{AB} + \beta_{左} - 180° = 285°02'35''$,
$X_1 = 589.10 \text{ m}, Y_1 = 301.82 \text{ m}$

19. $\Delta X_{AB} = -68 \text{ m}$;$\Delta Y_{AB} = -56 \text{ m}$;$D_{AB} = 88.091 \text{ m}$,$AB$ 的方位角为:$219°28'21''$

20. (1) $H_0 = 30.75 \text{ m}$,$W_{填} = W_{挖} = 120.84 \text{ m}^3$,下图中列举了填方各方格数据。

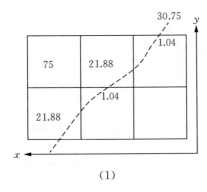

(1)

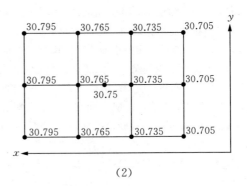

(2)

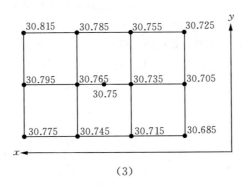

(3)

主要参考文献

卞正富.2013.测量学［M］.北京：中国农业出版社.
崔龙，张梅花，2017.测量学［M］.北京：中国农业出版社.
姜晨光，2015.测量学［M］.北京：中国农业出版社.
李栋梁，徐琪.2017.测量学实验指导［M］.南京：南京大学出版社.
李瑞平，2017.测量学实践教程［M］.北京：中国农业出版社.
孙国芳.2015.测量学实验及应用［M］.北京：人民交通出版社.
张序.2019.测量学实验与实习［M］.南京：东南大学出版社.
中华人民共和国国家质量监督检验检疫总局，国家标准化管理委员会，2009.国家三、四等水准测量规范：GB/T 12898—2009［S］.北京：中国标准出版社.
中华人民共和国国家质量监督检验检疫总局，国家标准化管理委员会，2008.数字测绘成果质量检查与验收：GB/T 18316—2008［S］.北京：中国标准出版社.
中华人民共和国国家质量监督检验检疫总局，中华人民共和国住房和城乡建设部，2008.工程测量规范：GB 50026—2007［S］.北京：中国计划出版社.
中华人民共和国国土资源部，2012.地籍调查规程：TD/T 1001—2012［S］.北京：中国标准出版社.
中华人民共和国住房和城乡建设部，2012.城市测量规范：CJJ/T 8—2011［S］.北京：中国建筑工业出版社.

图书在版编目（CIP）数据

测量学实验指导／黄朝禧，张波清主编 . —3 版 . —北京：中国农业出版社，2024.3
普通高等教育农业农村部"十三五"规划教材
ISBN 978-7-109-26696-4

Ⅰ.①测⋯　Ⅱ.①黄⋯②张⋯　Ⅲ.①测量学-实验-高等学校-教学参考资料　Ⅳ.①P2-33

中国版本图书馆 CIP 数据核字（2020）第 044549 号

中国农业出版社出版
地址：北京市朝阳区麦子店街 18 号楼
邮编：100125
责任编辑：夏之翠
版式设计：王　晨　责任校对：吴丽婷
印刷：中农印务有限公司
版次：2007 年 7 月第 1 版　2024 年 3 月第 3 版
印次：2024 年 3 月第 3 版北京第 1 次印刷
发行：新华书店北京发行所
开本：787mm×1092mm　1/16
印张：10.25
字数：255 千字
定价：27.50 元

版权所有·侵权必究
凡购买本社图书，如有印装质量问题，我社负责调换。
服务电话：010-59195115　010-59194918